以制度创新推动绿色发展

——生态文明建设考核深圳模式的创新与实践

车秀珍　钟琴道　王　越　等　著

科学出版社

北　京

内 容 简 介

2007年，深圳确立“生态立市”战略，率先实施“党政领导干部环保实绩考核”。2013年环保实绩考核全面升级为生态文明建设考核，在国内率先启动了生态文明建设考核。本书以深圳生态文明考核制度为研究对象，按照“理论和实践基础”“制度建立与演化”“体系构成与特征”“实施状况评价”“未来趋势分析”等层层递进的体系，将基于生态文明理念的干部考核评价制度从理论到实践进行了深入剖析，呈现该制度初创至今的整个发展历程、制度内容、实施情况和政策建议。深圳市实践经验和本书研究成果对于我国其他地区特别是快速和高度城市化地区，落实生态文明理念，加快绿色发展，建立和完善生态文明建设考核制度，具有典型的示范意义和借鉴作用。

本书兼具理论和实务的特征，可为城市决策者、管理者以及对生态文明绩效考核感兴趣的政府公务人员、科研人员、大中专院校师生提供必要参考。

图书在版编目(CIP)数据

以制度创新推动绿色发展：生态文明建设考核深圳模式的创新与实践 / 车秀珍等著.—北京：科学出版社，2019.12

ISBN 978-7-03-063534-1

Ⅰ. ①以… Ⅱ. ①车… Ⅲ. ①生态环境建设—研究—深圳 Ⅳ. ①X321.2

中国版本图书馆CIP数据核字(2019)第265417号

责任编辑：谭宏宇 / 责任校对：郑金红

责任印制：黄晓鸣 / 封面设计：殷 靓

科学出版社 出版

北京东黄城根北街16号

邮政编码：100717

http://www.sciencep.com

南京展望文化发展有限公司排版

北京虎彩文化传播有限公司印刷

科学出版社发行 各地新华书店经销

*

2019年12月第 一 版 开本：B5(720×1000)

2019年12月第一次印刷 印张：9 3/4

字数：191 000

定价：100.00元

(如有印装质量问题，我社负责调换)

编委会名单

前　言

深圳，作为我国第一个经济特区，是中国改革开放的先行地。过去40年，深圳开拓进取，勇于创新，创造了世界工业化、城市化和现代化发展史上的奇迹。在经济社会高速发展的同时，深圳市委市政府高度重视生态文明建设工作，不断推进生态文明制度建设和体制机制创新，践行“生态立市”“环境优先”理念，初步形成绿色、循环、低碳发展的制度体系，生态文明建设和转型跨越发展走在国内前列，形成了深圳模式。深圳空间狭小、资源禀赋不足、环境容量小，在经济总量、产业规模、人口数量持续上升的条件下，市委市政府认真贯彻落实科学发展观，按照“有质量的稳定增长、可持续的全面发展”的总体要求，牢固树立环境就是生产力和竞争力、生态就是绿色福利的理念，把生态文明建设作为深圳更长远、更持续、更高质量发展的重要抓手，以生态文明的理念和标准指引城市建设，将生态文明建设放在与经济发展同等重要的位置。2007年，深圳市委市政府出台了《关于加强环境保护建设生态市的决定》（深发〔2007〕1号），提出“生态立市”发展战略。2008年，在全国率先出台了《深圳生态文明建设行动纲领》及相关配套文件，领衔生态文明建设。2014年，市委市政府发布了《中共深圳市委深圳市人民政府关于推进生态文明、建设美丽深圳的决定》及实施方案，提出把深圳打造成为国家生态文明示范市和美丽中国典范城市。建设生态城市、生态文明需要一个崭新的、全面的考核制度，通过考核制度发挥鲜明指引和强力保障作用。鉴于此，深圳在改革中探索生态文明考核制度创新。2007年12月，深圳印发了《深圳市环境保护实绩考核试行办法》（深办〔2007〕46号），并出台了《2007年度深圳市环境保护实绩考核实施方案》，在国内率先实施“党政领导干部环保实绩考核”。

2013年8月，为贯彻落实党的十八大关于生态文明建设的新精神、新任务、新要求，深圳市委市政府更加重视顶层设计和整体部署，印发了《深圳市生态文明建设考核制度（试行）》（深办发〔2013〕8号），环保实绩考核全面升级为生态文明建设考核，在国内率先启动了生态文明建设考核。深圳生态文明建设考核推进中，坚持刚性实施考核制度、创新探索考核方式、动态优化考核方案。如通过创新引入第三方评审团机制，要求各被考核单位的主要负责人向50位评审团成员做现场陈述，由党代表、人大代表、政协委员、特邀监察员、环保专家、环保监督员、居民代表等来自社会各界的评审员对各单位上年度生态文明建设实绩进行现场打分，避免政府既当“运动员”又当“裁判员”，确保考核更加公平、公正；从制度创建之初就将与生态文明建设工作密切相关的市直部门和重点企业纳入考核，并逐年扩大考核对象，努力做到生态文明建设领域全覆盖。针对考核对象基础条件不同、职能要求不同，实施差异化考核，结合各年度生态文明建设重点任务、关键问题、民生热点等，对生态文明考核内容和考核指标体系进行优化调整，不断完善生态文明考核机制；考核指标增加对公众关心的$PM_{2.5}$污染改善、黑臭水体治理、生态控制线内查违、饮用水源保护等重点热点问题考量；不断强化考核结果运用，2009年为发挥考核震慑作用实行末位诫勉谈话，2011年又增加“黄牌”警告，2017年为鼓励攻坚克难开展双排名制度。生态文明建设考核的持续推进，有效提升了深圳生态环境治理能力和生态环境质量水平，提高了全社会对生态文明重要性的认识，为加快建立生态文明制度，树立正确政绩观，发动全社会参与生态文明建设起到了积极的作用。生态文明考核这一制度引领着全市的绿色发展，也为全国生态文明建设目标评价考核提供了宝贵的改革经验。2015年9月，新华社在中共中央内参上对深圳市生态文明建设考核工作发表了题为《深圳“第一考”坚持8年给党政干部戴上绿色“紧箍咒”》的报道。同年12月，考核制度获评《环境保护》杂志年度“绿坐标”制度创新奖。2016年3月，国务院发展研究中心为研究编制国家《生态文明建设目标评价考核办法》，特别邀请深圳市相关同志赴北京座谈。深圳市的生态文明建设考核探索为国家生态文明体制改革提供了宝贵的“第一手”实践经验。

近年来，国家、广东省、深圳市对生态文明建设工作作了全面部署，对生态文明建设考核工作提出了更高要求。国家先后印发了《关于加快推进生态文明建设的意见》(中发〔2015〕12号)、《生态文明建设目标评价考核办法》(厅字〔2016〕45号)、《关于全面加强生态环境保护坚决打好污染防治攻坚战的意见》(中发〔2018〕17号)等政策文件。在生态文明引领强化、环保督察常态化的新形势下，我国生态文明建设考核制度的不断优化和全面实施面临更加紧迫的现实需求。如何在当前生态文明建设顶层设计框架下，结合本地发展特征和基础条件，在生态文明建设考核上大胆探索、积累经验、示范带动，全面推进生态文明建设，成为包括深圳在内的全国各地迫切需要思考和解答的关键问题之一。

在此背景下，深圳市环境科学研究院承担了深圳市生态文明考核制度创新与方案设计的相关研究，在以深圳市生态环境局(原深圳市人居环境委)局领导为组长的领导小组指导下，课题组承担了深圳生态文明考核从理论基础、制度创建、制度框架、实施优化、阶段提升到未来发展的全过程探索创新与设计，形成了系统的考核制度体系和运行机制。课题组先后完成了《深圳市生态文明建设考核与评估机制研究》《深圳市绿色发展指数测评分析及绿皮书研究》《生态文明建设考核专家评分总体设计及实施细则研究》等多项研究成果，为科学、准确地指导全市生态文明建设工作发挥了重要作用。生态文明考核实施12年来，在考核理念、考核内容、考核制度、考核机制方面不断创新优化，制度逐步完善，考核机制运行良好。本书在多年生态文明建设评价考核相关研究成果的基础上提炼整理完成，基本实现了深圳市生态文明建设考核工作在时间、空间和具体领域的全覆盖，系统地总结了生态文明建设评价考核各项研究结论，全面反映了深圳市生态文明建设工作的前瞻性探索和实践，旨在为全国以及国内其他地区提供可借鉴、可复制的样板和经验。

本书内容共分为五部分：第一部分，对国家宏观形势进行了解析，并对生态环保相关绿色考核的研究与实践进行了总结，明确总体工作背景；第二部分，对深圳市生态文明考核制度的建立背景、顶层设计、发展历程、制度特征等进行了深入分析和系统呈现；第三部分，对深圳市生态文明考核制度的具体内容、对其“1+N”的制度机制体系和年度考核方案进行了详细解读，进一步明确制度细节；第四部分，对深圳市生态文明考核制度实施以来的情况，进行了定性、定量的系统回顾和跟踪评价，全面总结其工作成效并深入剖析了主要问题；第五部分，系统解析和展望了深圳面临的内外部形势，研判下一阶段生态文明考核制度的主要挑战和工作重点，并提出优化对策建议。

全书由车秀珍统筹协调，车秀珍负责整体策划、大纲编写和组织协调工作。其中前言主要由车秀珍、钟琴道、王越负责编写；第一章时代背景主要由陈晓丹、钟琴道负责编写；第二章国内外相关做法和经验借鉴主要由杨娜、钟琴道负责编写；第三章考核制度的建立和演化主要由钟琴道、马丽负责编写；第四章考核制度体系主要由王越负责编写；第五章考核指标体系主要由钟琴道、马丽负责编写；第六章综合评估主要由袁博、钟琴道负责编写；第七章优化建议主要由王越、钟琴道负责编写。全书由钟琴道负责统稿，车秀珍、钟琴道负责定稿。本书在成稿过程中，深圳市生态环境局局领导、生态文明建设考核领导小组办公室成员单位提供了大力支持和无私奉献，在此表示深深的感谢。

目　录

1 生态文明建设考核制度的时代背景

1.1 生态文明及生态文明考核制度

1.1.1 生态文明思想引领新形势

党的十八大将生态文明建设上升为党的执政方针，把生态文明建设纳入中国特色社会主义事业五位一体总体布局，明确提出大力推进生态文明建设，努力建设美丽中国，实现中华民族永续发展。党的十九大对生态文明建设和生态环境保护进行了系统总结和重点部署，梳理了五年来取得的新成就，提出了一系列新理念、新要求、新目标、新部署，为推进生态文明、建设美丽中国指明了前进方向和根本遵循。习近平总书记的生态文明思想也在不断发展，他站在中华民族永续发展、人类文明发展的高度，明确地把生态文明作为继农业、工业文明之后的一个新阶段，指出生态文明建设是政治，关乎人民主体地位的体现，共产党执政基础的巩固和中华民族伟大复兴的中国梦的实现。

习近平总书记着眼于世界文明形态的演进、中华民族的永续发展、我们党的宗旨责任、人民群众的民生福祉以及构建人类命运共同体的宏大视野，以宽广的历史纵深感、厚重的民族责任感、高度的现实紧迫感和强烈的世界意识，推动形成了具有中国特色的生态文明理论。2018 年 5 月 18 日至 19 日，我国规格最高、规模最大、意义最深远的一次生态文明建设会议——全国生态环境保护大会在北京召开。会议最大亮点和取得的最重要理论成果，是确立了“习近平生态文明思想”。习近平总书记基于对马克思主义理论的深刻把握、基于长期以来中国特色社会主义生态文明建设的伟大实践、基于中华优秀传统文化的深厚底蕴、基于世界生态文明建设的经验教训，提出了具有中国特色、世界价值的习近平生态文明思想。习近平总书记在全国生态环境保护大会上提出“要通过加快构建生态文明体系，确保到 2035 年，生态环境质量实现根本好转，美丽中国目标基本实现。到 20 世纪中叶，生态环境领域国家治理体系和治理能力现代化全面实现，建成美丽中国”，明确了建成“美丽中国”的宏伟目标，并为生态文明建设指引前进方向。

习近平生态文明思想是习近平新时代中国特色社会主义思想的重要组成部分，是对党的十八大以来习近平总书记围绕生态文明建设提出的一系列新理念、新思想、新战略的高度概括和科学总结，是新时代生态文明建设的根本遵循和行动指

南。生态文明制度体系是新时代开展生态环境保护和生态文明建设的保障。

1.1.2 生态文明制度明确新要求

十八届三中全会从顶层设计层面落实十八大关于生态文明建设的相关要求，进一步深化“五位一体”的战略布局，把“紧紧围绕建设美丽中国深化生态文明体制改革，加快建立生态文明制度”作为6个“紧紧围绕”之一进行统一部署，明确提出“必须建立系统完整的生态文明制度体系”，并多次强调“制度”的重要性，以实行最严格的制度来保护生态环境。“改革生态环境保护管理体制”是生态文明制度体系建设的重要内容之一，领导干部自然资源资产离任审计制度、生态环境损害责任终身追究制度等具体制度的建立和完善，将有助于完善科学决策和责任制度，提高生态文明建设的政治领导力。党的十八大以来，党中央、国务院印发了《关于加快推进生态文明建设的意见》(中发〔2015〕12号)、《生态文明体制改革总体方案》(中发〔2015〕25号)等一系列指导性文件，进一步完善了生态文明体制改革的“四梁八柱”，并指出要“制定生态文明建设目标评价考核办法”。2016年中共中央办公厅、国务院办公厅印发了《生态文明建设目标评价考核办法》(厅字〔2016〕45号)，规范了生态文明建设目标评价考核工作。随后，我国生态文明建设考核制度逐步完善、广泛开展。相关文件名称、颁发机构和关于生态文明考核规定如表1.1所示。

表1.1 中央文件对生态文明建设考核的规定和要求

文件名称	颁发机构和文号	关于生态文明建设考核的相关规定
坚定不移沿着中国特色社会主义道路前进为全面建成小康社会而奋斗	中国共产党第十八次全国代表大会上的报告(2012年11月8日)	要把资源消耗、环境损害、生态效益纳入经济社会发展评价体系，建立体现生态文明要求的目标体系、考核办法、奖惩机制
中共中央关于全面深化改革若干重大问题的决定	2013年11月12日中共十八届三中全会全体会议通过	完善发展成果考核评价体系，纠正单纯以经济增长速度评定政绩的偏向，加大资源消耗、环境损害、生态效益、产能过剩、科技创新、安全生产、新增债务等指标的权重；对限制开发区域和生态脆弱的国家扶贫开发工作重点县取消地区生产总值考核。 建设生态文明，必须建立系统完整的生态文明制度体系，实行最严格的源头保护制度、损害赔偿制度、责任追究制度，完善环境治理和生态修复制度，用制度保护生态环境
《国民经济和社会发展第十三个五年规划纲要》	2016年3月17日	根据不同主体功能区定位要求，健全差别化的财政、产业、投资、人口流动、土地、资源开发、环境保护等政策，实行分类考核的绩效评价办法。 实施重点用能单位“百千万”行动和节能自愿活动，推动能源管理体系、计量体系和能耗在线监测系统建设，开展能源评审和绩效评价

（续表）

文件名称	颁发机构和文号	关于生态文明建设考核的相关规定
《国民经济和社会发展第十三个五年规划纲要》	2016年3月17日	实施能源和水资源消耗、建设用地等总量和强度双控行动，强化目标责任，完善市场调节、标准控制和考核监管。 建立健全中央对地方节能环保考核和奖励机制，进一步扩大节能减排财政政策综合示范
《中共中央国务院关于加快推进生态文明建设的意见》	2015年4月25日、中发〔2015〕12号、国务院印发	健全政绩考核制度。建立体现生态文明要求的目标体系、考核办法、奖惩机制。把资源消耗、环境损害、生态效益等指标纳入经济社会发展综合评价体系，大幅增加考核权重，强化指标约束，不唯经济增长论英雄。完善政绩考核办法，根据区域主体功能定位，实行差别化的考核制度。对限制开发区域、禁止开发区域和生态脆弱的国家扶贫开发工作重点县，取消地区生产总值考核；对农产品主产区和重点生态功能区，分别实行农业优先和生态保护优先的绩效评价；对禁止开发的重点生态功能区，重点评价其自然文化资源的原真性、完整性。根据考核评价结果，对生态文明建设成绩突出的地区、单位和个人给予表彰奖励。探索编制自然资源资产负债表，对领导干部实行自然资源资产和环境责任离任审计。 完善责任追究制度。建立领导干部任期生态文明建设责任制，完善节能减排目标责任考核及问责制度。严格责任追究，对违背科学发展要求、造成资源环境生态严重破坏的要记录在案，实行终身追责，不得转任重要职务或提拔使用，已经调离的也要问责。对推动生态文明建设工作不力的，要及时诫勉谈话；对不顾资源和生态环境盲目决策、造成严重后果的，要严肃追究有关人员的领导责任；对履职不力、监管不严、失职渎职的，要依纪依法追究有关人员的监管责任
《生态文明体制改革总体方案》	2015年9月18日、中发〔2015〕25号、中共中央 国务院	构建充分反映资源消耗、环境损害和生态效益的生态文明绩效评价考核和责任追究制度，着力解决发展绩效评价不全面、责任落实不到位、损害责任追究缺失等问题。 研究制定可操作、可视化的绿色发展指标体系。制定生态文明建设目标评价考核办法，把资源消耗、环境损害、生态效益纳入经济社会发展评价体系。根据不同区域主体功能定位，实行差异化绩效评价考核
《关于省以下环保机构监测监察执法垂直管理制度改革试点工作的指导意见》	2016年9月14日、中办发〔2016〕63号、中共中央办公厅 国务院办公厅	试点省份要进一步强化地方各级党委和政府环境保护主体责任、党委和政府主要领导成员主要责任，完善领导干部目标责任考核制度，把生态环境质量状况作为党政领导班子考核评价的重要内容。 地方各级党委和政府将相关部门环境保护履职尽责情况纳入年度部门绩效考核
《生态文明建设目标评价考核办法》	2016年12月22日、厅字〔2016〕45号、中共中央办公厅、国务院办公厅	生态文明建设目标评价考核实行党政同责，地方党委和政府领导成员生态文明建设一岗双责。 生态文明建设目标评价考核在资源环境生态领域有关专项考核的基础上综合开展，采取评价和考核相结合的方式，实行年度评价、五年考核

（续表）

文件名称	颁发机构和文号	关于生态文明建设考核的相关规定
《生态文明建设目标评价考核办法》	2016年12月22日、厅字〔2016〕45号、中共中央办公厅、国务院办公厅	考核结果作为各省、自治区、直辖市党政领导班子和领导干部综合考核评价、干部奖惩任免的重要依据。 对考核等级为优秀、生态文明建设工作成效突出的地区，给予通报表扬；对考核等级为不合格的地区，进行通报批评，并约谈其党政主要负责人，提出限期整改要求；对生态环境损害明显、责任事件多发地区的党政主要负责人和相关负责人（含已经调离、提拔、退休的），按照《党政领导干部生态环境损害责任追究办法（试行）》等规定，进行责任追究
《决胜全面建成小康社会夺取新时代中国特色社会主义伟大胜利》	中国共产党第十九次全国代表大会上的报告（2017年10月18日）	实行最严格的生态环境保护制度，形成绿色发展方式和生活方式

1.2 生态文明考核制度的必要性

1. 落实党和国家关于转变政府绩效考核的最新要求

党和国家在严峻的生态环境形势倒逼下，逐渐开始转变政府绩效考核的“唯GDP”导向。习近平总书记2013年5月24日在中央政治局第六次集体学习时强调指出，要正确处理好经济发展同生态环境保护的关系，牢固树立保护生态环境就是保护生产力、改善生态环境就是发展生产力的理念，更加自觉地推动绿色发展、循环发展、低碳发展，决不以牺牲环境为代价去换取一时的经济增长。中央组织部于2013年12月印发的《关于改进地方党政领导班子和领导干部政绩考核工作的通知》，明确要求完善政绩考核评价指标，不搞地区生产总值及增长率排名，从制度层面纠正单纯以经济增长速度评定政绩的偏向，把不简单以GDP论英雄的导向真正树立起来，引导（各级）领导干部树立正确的政绩观。

2. 推动政府履行生态环境责任的核心工具

建设生态文明，更大力度地保护生态环境，意味着发展方式必须转型，转型过程中更需要层层压实各级政府生态环境保护责任。生态文明建设考核是对政府生态环境质量、生态环境综合整治、资源能源利用等工作情况的考查，组织实施生态文明建设考核对于政府承担生态环境保护责任有着推动作用。第一，能够促进各级政府及相关部门生态环境保护责任意识的增强，用考核方式促使政府真正认识到生态文明建设工作的重要性和必要性，推动生态文明建设责任的有效履行。第二，能够促进生态文明建设工作主动性与前瞻性的提升。生态文明建设考核是生

态文明工作的重要指引，要求被考核单位积极主动、担当全方位推进生态文明建设各项工作。

3. 促进经济发展方式转型的重要途径

当前，如何加快发展方式转变，不断优化产业结构，是我国当前和未来一段时间发展中最重要的难题之一。经济发展方式转变是一个复杂的综合性大工程，它不仅包括传统的经济增长方式，还涉及了资源综合利用、生态环境保护等各个方面的内容，是科学的发展、可持续的发展。生态文明建设考核强调绿水青山就是金山银山，注重经济与生态环境效益的协调，侧重绿色发展和循环经济。建立适应当前经济发展形势和生态文明建设要求的生态文明建设考核制度，树立生态红线观念，严格实施生态红线管控制度，保障城市生态安全和自然生态系统服务功能持续稳定发挥。以资源承载力和环境容量为约束，优化生产生活生态空间格局，充分发挥生态文明建设考核对推动低碳绿色发展的重要作用，坚持突出生态优先原则，在保护中求发展，坚决摒弃以牺牲环境换取经济增长的发展模式。利用“绿色指挥棒”作用，推动产业发展向绿色低碳循环、清洁生产模式转变。

4. 落实生态文明建设工作任务的重要保障

生态文明建设工作成效，需要有完善的考核机制来保障。通过考核内容设置和考核方式的设计，做到任务量化、数据硬化、绩效生态化，生态文明建设考核为被考核单位生态文明建设工作提供指引和决策依据。被考核单位依据考核方案，以考核目标、要求和任务为着力点，倒排工期，一项接着一项干，着力解决突出生态环境问题。生态文明建设考核为评价生态文明建设的工作成效提供了量化、科学标准，从各项指标考核结果客观真实体现出被考核单位相关工作进度、工作成果、优势和不足之处。被考核单位根据考核结果，进一步改善工作方式，加强对薄弱环节工作力度。

5. 实现社会经济发展、改善民生需求的有效途径

良好的生态环境是生活和发展的前提和基础。进入新时代，人民群众对优美环境、绿色产品、绿色服务的要求越来越高，生态文明建设考核引导政府更加注重生态文明建设，以解决问题为导向，以群众利益为依归，加强对民生关注的环境保护热点、重点和难点问题进行考核，着力改善人民群众的生存环境、生活质量、发展空间，让生态文明建设成果更多惠及民生，提升民生发展质量。倡导绿色低碳生活方式，使广大市民成为生态文明倡导者和践行者。科学的生态文明建设考核结果显示出政府在源头预防、过程管控、后果严惩等方面的能力，让群众对政府更加认可和信任，从而提升政府权威及在群众心中的形象，切实提高人民群众的获得感和满足感。同时也构建了政府主导、企业主体、社会公众参与的生态文明建设大格局。

1.3 生态文明考核的内涵与框架体系

1.3.1 概念内涵

考核是通过评估对象表现的一种管理方式。常见的考核是绩效考核，绩效考核通常被称为业绩考评或“考绩”，是针对组织中每个岗位职责，应用各种科学的定性和定量的方法，对岗位的实际效果及其对组织的贡献或价值进行考核和评价。绩效考核是现代组织不可或缺的管理工具。它是一种周期性检讨与评估工作表现的管理系统，早期应用于企业组织，20 世纪 70 年代开始，英国、荷兰等国家伴随着行政改革运动，初步提出了政府绩效评估，90 年代开始美国、日本逐步确立了政府绩效评估体系，并发展到政府专项绩效评估，其中比较典型的专项领域有：教育系统、医疗卫生系统、城市规划系统和环保领域。

生态文明建设考核是考核主体依照生态文明建设的要求，将生态环境质量、生态环境治理、生态环境保护、资源利用、绿色生产生活、生态环境管理等方面的内容纳入考核范围之内，对政府、相关部门和企业等行为主体创造的工作实绩进行考察，并将其作为“奖惩升贬”依据的考核方式与过程。

1.3.2 构成要素

生态文明建设考核主要由考核主体、被考核对象、考核内容、考核方式方法、考核程序等要素构成。考核主体和被考核对象是考核制度的主要参与者。一般说来，被考核对象主要是各级政府、相关部门、重点企业及其领导干部，考核主体则是上一级政府，表现为上级对下级的考核。从各地实践来看，考核主体由单一的上级部门逐步向多元化发展。生态文明建设考核的主体不仅包括上级政府部门，也应包括下级部门、群众以及专业的第三方机构等。

考核内容主要体现为考核的指标。考核内容是对生态文明建设要求的直接反映，要对不同类别考核对象分类设置具体考核指标，要根据国家省市下达的约束性指标和部署的重点任务，要突出市民群众对优美生态环境的获得感。考核内容和指标权重对考核对象关注重点以及工作方向有明确的导向作用，为了获得良好的考核成绩，考核对象通常会根据考核主要内容明确工作重心。生态文明建设影响力越来越大，生态文明建设相关要求更多被纳入考核。同时，由于生态文明建设工作是一个复杂的系统大工程，要根据实际情况因地制宜设置符合城市特点的考核指标体系。

考核方式方法是指考核过程中的具体做法，是实现考核目的的重要途径。科学的考核方式方法，能在确保各项考核内容能考、可考、便考的基础上，实现考核的

客观性、科学性、合理性的有机结合。实践中运用得相对比较多的考核方法有 360 度绩效考核法、平衡计分法、关键绩效指标法、标杆管理法和“3E”评价法。

考核程序是考核过程中应遵循的环节和步骤。生态文明建设考核程序大体可以分为制定优化考核实施方案、考核实施、考核结果确定及应用三个考核环节。

1.3.3 技术方法

考核技术有 360 度绩效考核法、平衡计分法、关键绩效指标法(KPI)、标杆管理法、“3E”评价法等方法,这些方法指标体系、优缺点比较分析见表 1.2。

表 1.2 主要考核技术比较

方 法	价值准则	指标体系	优 点	缺 点
360 度绩效考核法	从多个角度对被考核者进行全方位的评价,从而改变考核者行为,提高工作绩效	根据被考核者的上级、同事、下级或客户以及被考核者本人的评价进行考核	促进员工的个人发展;更好适应当前组织发展的需要;有利于形成积极的组织气氛	考核结果的失真性仍可能存在;定量的业绩考核不够;对员工的整体评价变得困难
平衡计分法	主张长期战略与短期目标之间的平衡	较规范,在指定四个领域内细化	既注重现实结果,又兼顾长远发展	—
关键绩效指标法(KPI)	通过员工个人行为与企业战略结合,分解企业战略目标,将员工工作绩效表现量化	具有明确的计算方法,指标需根据测评自主确定	避免了因战略目标本身的整体性与沟通风险造成的传递困难;使各级管理者意识到自身、本部门在组织战略实现中的位置和职责	没能进一步将绩效目标分解到企业的基层管理及操作人员;同时没能提供一套完整的对操作有指导的指标框架
标杆管理法	实现政府效能的全面提升,发挥政府引导作用	根据测评自主确定	指标确定比较灵活、全面;集评估与比较于一身,有较好的激励效果	随意性较强,易导致指标体系的繁杂;管理主义的强调易轻视
“3E”评价法	成本节约	规范化的三指标:经济、效率、效能	指标明确,有利于对政府的财政控制	指标单一,片面,与政府行为本身的难以量化相悖

1.3.4 框架体系

为构建生态文明考核理论体系,本书借鉴基于绩效结构、基于管理流程和基于部门职能三个不同角度的绩效考核系统模型,尝试构建可以指导深圳生态文明考核制度的生态文明考核框架体系。

1. 基于绩效结构的绩效考核系统模型

分别从空间和时间结构来分解绩效考核系统,空间结构上可以分为:个人绩

效、团队(部门)绩效和组织绩效。科学的考核体系应最大程度确保三者的统一,部门员工支撑部门绩效,部门绩效支撑组织绩效。具体操作中应将个人工作与组织战略目标结合,通过反馈员工工作绩效,促其发展,储备人才,又能协助表现较差员工,促进组织整体绩效提升。

以时间为结构可分为结果绩效、行为绩效和潜在绩效,随着时间延续在考核流程中,绩效的内涵、考核内容、评价标准都不同。

2. 基于管理流程的绩效考核系统模型

从管理流程的角度来分析考核,首先,通过收集内部和外部资料来获取设计绩效考核指标的详细信息,运用科学合理的方式分解组织战略,确定不同岗位、不同部门的绩效指标并赋之以合适的权重;其次,通过座谈会征求意见等方式论证指标;再次,在确实的指标框架基础上选择对应的考核主体、考核方法和考核工具等,以此制订绩效考核制度并形成系统;最后,实施考核,并根据考核过程及结果中反映的问题对整个绩效考核系统进行修订和完善。

3. 基于部门职能的绩效考核系统模型

从考核涉及的部门来考虑考核系统,主要包括高层管理者、人力资源部门和职能部门。高层管理者应当制定正确的战略目标,统领整个系统,人力资源部门涉及考核系统、参与培训、监督考核实施,职能部门既是考核主体,也要参与考核指标论证、督导绩效,部门管理人员指导下属配合考核,明确并指导下属实现绩效、评估绩效、改进绩效。

以上从组织结构、管理流程和部门职能等角度分别分析了绩效考核系统,基于以上三种角度,尝试构建旨在实现战略目标、贯穿考核流程、积极发挥领导和部门作用、调动全社会积极性的生态文明考核体系。从时间序列上的考核流程,可以分为:目标任务、考核方案制定、实施考核及考核结果确认及应用四个阶段(图 1.1)。

(1) 目标任务阶段

主要是战略目标、任务的确定和分解。贯彻国家、省、市领导及生态环境系统的各项任务,由市委市政府组织相关部门制定战略目标,结合生态文明建设工作任务和战略目标,将各项任务分解,各项目标分解到指标。

(2) 考核方案阶段

主要确定考核主体、考核对象、考核内容及考核方法,明确考核形式。根据新的形势要求和生态文明建设工作实际,以系统化思维运用科学合理的方式分解组织战略,确定不同区域、不同部门的考核指标、任务并赋之以合适的权重;最终将各项工作任务和工作目标分解到各职能部门责任主体,明确工作要求、指标目标值和时序安排。组织各相关方代表通过座谈会、调研方式、征求意见等方式论证指标及权重的可行性和科学性,以此制订考核制度并形成系统。

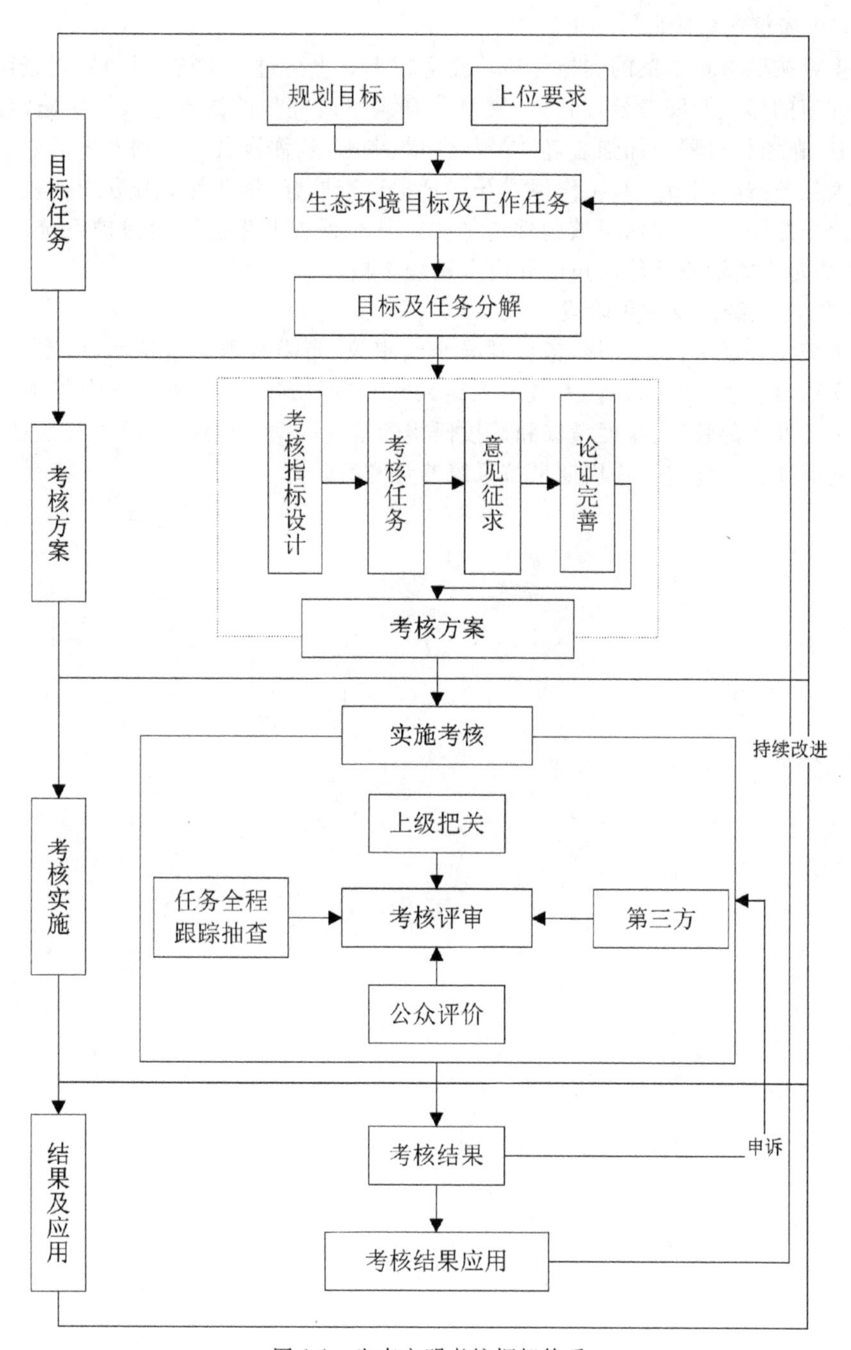

图 1.1　生态文明考核框架体系

(3) 考核实施阶段

主要按照考核方案的实施考核。在考核形式上通过提交佐证材料、现场陈述、专家评审的形式开展考核,同时开展对公众满意度评价的调查考核。实施定期评估机制,在考核过程中加强监督,常规化组织专家组、评审员参与到考核的全过程,对重大任务按时间节点和工作性质开展日常巡查检查,建立督查督办工作机制,开展全流程跟踪,及时评估考核的促进作用。从全面提升生态环境保护系统治理水平、助力污染防治攻坚战的角度开展全过程考核。

(4) 考核结果及应用阶段

考核结果经考核办审核、考核领导小组审议、市委常委会审定后,由市委市政府发文通报。生态文明建设考核结果纳入市管领导班子和市管干部考核内容,作为评价领导干部政绩、年度考核和选拔任用的重要依据。最终,考核过程及结果中反映的问题也会促进下一周期考核系统修订和完善。

2 国内外生态文明建设考核制度相关做法与经验借鉴

2.1 国外相关做法

20 世纪 60 年代，西方国家面对环境污染、生态破坏、生存危机的严重威胁，提出了可持续发展理念，在几十年的发展中衍生出了绿色发展、环境绩效等类似概念，这些概念与生态文明在目标和理念上是一致的。生态文明和可持续发展建设的成效如何，需要一把"尺子"来衡量，即考核制度和指标体系。由于政体不同，国外鲜有自上而下的政府绩效考核制度，因此在督促和引导可持续发展建设上并不是通过考核制度完成的，而是建立一套指标评价方法，对各地进行客观评价，评价方法包括单项指标评价法和综合指标评价法两大类。

2.1.1 单项指标评价法

通过某一具有典型代表性的指标或由多个子指标综合而成一个指标来表示可持续发展成效，这些指标从经济、生态环境、社会等不同角度对一个国家或地区的可持续发展水平进行评价。例如，立足于社会发展状态的评价指标，可持续经济福利指数、社会进步指数、人类发展指数、人类活动强度指数；立足于经济的评价指标，调节国民经济模型、新国家财富指标；立足于生态环境状况的评价指标，生态足迹、能值分析等等。单项指标评价的结构简单、信息综合能力强，系统性、逻辑连贯性和针对性较强，易于操作和比较，但也存在指标单薄，描述性功能相对薄弱，内容单一，特别是综合性单项指标，内涵模糊，对于评价内涵丰富的生态文明建设概念缺乏说服力。

2.1.2 综合指标评价法

综合评价指标体系这类指标体系是由多个指标构成，各指标之间具有一定关联性，具有结构复杂、涉及面广、描述性和适应性强等特点，能够适用于不同层次的评价。在多样化的指标体系中，有些指标体系倾向于表述社会经济活动与环境之间的关系，例如，2001 年联合国可持续发展委员会(CSD)围绕"社会、环境、经济和机制四大系统"重新建立的包括 58 个具体指标的可持续发展指标体系。2002 年欧洲议会建立了包括 42 个指标的可持续发展评价指标体系，供欧洲各国推广使

用。有些则倾向于体现区域可持续发展的目标和关键问题。例如，1994年英国建立的可持续发展指标包括4个关键指标和100多个关键指标。这类指标体系目标清晰，内涵完整，既能保证评估的系统性，又能有针对性地指导某个领域的具体工作，对评估不同层次、不同区域的可持续发展能力和水平具有较强的适应性。但综合性指标由于指标类型较多，覆盖面广，指标与总体目标的关联、权重、阈值难以准确把握。对于指标的选用具有较高的要求，既要保证指标选取的科学、全面，又要保证指标的精炼和代表性。

下面介绍几个应用较广泛的指标体系。

(1) 联合国可持续发展指标体系(Indicator of Sustainable Development)

1992年联合国在巴西召开了联合国环境与发展会议，会议通过了《21世纪议程》等重要文件，并成立了联合国可持续发展委员会(the Commission on Sustainable Development, CSD)。1996年，CSD会同联合国政策协调和可持续发展部、联合国统计局、联合国开发计划署、联合国环境规划署、联合国儿童基金会和亚太经社会等机构，研究并提出了可持续发展指标体系(Indicator of Sustainable Development)。该指标体系在《21世纪议程》"经济、社会、环境和机构"四大系统框架下，应用"驱动力—状态—响应"(DSR)概念模型，结合《21世纪议程》各章节内容，共包含134个指标。该指标体系突出了环境受到的压力和环境退化之间的因果关系。驱动力代表人类活动、过程和模式对可持续发展正面或负面的影响；状态指标提供可持续发展的条件；而响应指标代表迈向可持续发展的社会行动，根据可持续发展的状态所做的政策选择或其他种种反应措施。1996年8月，CSD出版了《可持续性发展指标架构与方法》(*Indicators of Sustainable Development: Guidelines and Methodologies*)蓝皮书，详细地论述了该套指标体系的构建过程。

1996～1999年，可持续发展指标体系在22个国家进行了测试和评估。2001年，CSD通过对测试结果的总结，发布了第二版《可持续性发展指标架构与方法》蓝皮书，对可持续发展指标体系进行了调整，新的指标体系由58个指标构成，包括15个主题和38个子题。2007年，CSD发布了第三版《可持续性发展指标架构与方法》蓝皮书，舍弃了前两版中的"社会、环境、经济和制度"四大系统分类方式，制定了96个指标，其中50个指标被定义为关键指标。关键指标的选取遵循3项原则，一是覆盖大多数国家的可持续发展问题，二是各指标见的信息不重复，三是大多数国家易于获得这些指标的评价参数。新的可持续发展指标体系共包含14个主题和44个子题。

(2) 环境绩效指数指标体系

1999年国际标准化组织(ISO)发布了ISO14031(环境绩效评价标准)，其中将环境绩效评估描述为持续对组织环境绩效进行量测与评估的一种有系统的程序，对象则是针对组织的管理系统、操作系统，乃至于其周围的环境状况。

2006 年,世界经济论坛、欧盟委员会联合研究中心同耶鲁大学环境法律与政策中心、哥伦比亚大学国际地球科学信息网络中心合作发布环境绩效指数(Environmental Performance Index, EPI)。该指数主要围绕两个基本的环境保护目标,包括减少环境对人类健康造成的压力,以及提升生态系统活力和推动自然资源的良好管理,重点反映政策制定者关心的问题。该体系使用了 16 项指标,涉及 6 个完备的政策范畴,即环境健康、空气质量、水资源、生产性自然资源、生物多样性和栖息地、可持续能源。通过选择政策目标—确定政策领域—选择评价指标—数据筛选和处理—赋权和加总等一系列步骤计算出环境绩效指数,并于 2006 年发布了《2006 年环境绩效指数(EPI)报告》。随后,联合小组在 2008 年、2010 年、2012 年、2014 年和 2016 年又 5 次发布了全球 EPI 报告。目前,以环境健康与生态系统活力为两大政策目标的环境绩效指数评估框架已基本趋于稳定,但随着全球环境问题的不断变化,相应的具体指标也在不断调整。

2016 年的全球 EPI 报告根据 2000～2014 年数据分析显示,环境风险指标成为最受重视的指标,占所有指标权重的 16.5%。为观察过去的环境绩效与国家环境政策的影响提供了新视角。EPI 采用“逼近目标法”评估绩效指数与理想目标之间的差距,进而给指数进行打分(0～100 分),旨在帮助政策制定者发现环境问题;提供用于跨国、跨部门绩效对比的基准;评估某一国家当前的表现与某一确定的政策目标之间的距离,寻找“相似群体”,以专题的方式区别先进者和落后者;这样保证了在各政策问题以及整个 EPI 评估中的指标得分具有同向性,以评估各国家、地区在各方面的环境表现。

(3) 绿色指数指标体系

1989 年,美国南方问题研究所(Institute for Southern Studies)开始创立绿色指数。最初,通过遴选 35 个评价指标对各州的环境健康程度进行评价,后来增加到了 256 个指标,覆盖大气污染、水污染、能源生产和消费、交通能效、有毒化学废物、危险废弃物、社区健康、工作场所健康、农业污染、林业和渔业、休闲和生活品质、绿色状况、州政策措施、国会领导力、绿色政策等 15 个领域。总的来说,绿色指数指标体系注重体现自然生态系统、人造环境和人类健康之间的内在联系,既描述了环境现状,也涵盖了为改善环境状况而实施的政策和方针。与许多研究不同的是,绿色指数选择了大量指标,对人、工具以及自然环境在全美国范围内相互影响的不同结果进行评估,使得该指标对于环境质量的评价视野更加广阔。

综合分析上述国际上的可持续发展指标体系,可以总结出以下几点经验:① 各个国家基本上都有自己特定的指标体系。② 指标体系基本都包含经济、社会和环境三个维度。③ 倾向于将可持续发展指标与可持续发展政策联系起来。④ 在指标设置中要充分考虑数据的可得性,某些数据的缺失会影响指标进一步发

展。⑤ 随着社会的发展，有些指标和方法可能会过时，因此指标体系要经得起变化。

2.2 国内相关做法

2.2.1 政策体系

2011 年 10 月公布的《国务院关于加强环境保护重点工作的意见》强调要把生态文明建设纳入地方各级政府绩效考核指标体系，把生态绩效考核结果作为干部选拔任用、管理监督的重要依据；还提出要实行环境保护一票否决制，对未完成目标任务考核的地方实施项目限批制度，暂停审批该地区除民生工程、节能减排、生态环境保护和基础设施建设以外的项目，并追究有关领导责任。这在国务院 2010 年颁布的《全国主体功能区规划》中也有类似的规定："把推进形成主体功能区主要目标的完成情况纳入对地方党政领导班子和领导干部的综合考核评价结果，作为地方党政领导班子调整和领导干部选拔任用、培训教育、奖励惩戒的重要依据。"

中共十八届三中全会进一步提出要改革和完善干部考核评价制度，不再简单地把经济增长速度与干部的德能勤绩廉画等号，上级政府也不能把经济增长速度作为干部提拔任用的唯一依据。2013 年 12 月，组织部印发的《关于改进地方党政领导班子和领导干部政绩考核工作的通知》，更是明确指出"地方各级党委政府不能简单以地区生产总值及增长率排名评定下一级领导班子和领导干部的政绩和考核等次。"对重点生态功能区的领导干部而言，如果需要统筹兼顾经济绩效和环境绩效的考核，仍可能会出现以环境破坏为代价的区域经济增长。为弱化经济绩效指标对生态功能区官员行为的负面激励，还明确指出"对限制开发的农产品主产区和重点生态功能区，分别实行农业优先和生态保护优先的绩效评价，不考核地区生产总值、工业等指标"。深入贯彻落实党的十八大精神，以生态文明建设试点示范推进生态文明建设，原环境保护部先后印发了《国家生态文明建设试点示范区指标（试行）》（环发〔2013〕58 号）、《国家生态文明建设示范县、市指标（试行）》（环生态〔2016〕4 号）等指标体系，为开展生态文明建设试点示范区、示范市创建提出了具体量化要求。

中央文件对生态文明建设考核的规定和要求详见表 1.1，不再重复阐述。以下主要介绍生态文明建设目标评价考核、污染防治攻坚战和垂直管理改革等三项政策中对环境保护领域工作考核的相关要求。

(1) 生态文明建设目标评价考核办法

2016 年 12 月，中共中央办公厅、国务院办公厅印发《生态文明建设目标评价

考核办法》,建立了生态文明建设目标指标,并将其纳入党政领导干部评价考核体系。

生态文明建设目标评价考核在资源环境生态领域有关专项考核的基础上综合开展,采取评价和考核相结合的方式,实行年度评价、五年考核。年度评价工作由国家统计局、国家发展改革委、环境保护部会同有关部门组织实施,主要评估各地区资源利用、环境治理、环境质量、生态保护、增长质量、绿色生活、公众满意程度等方面的变化趋势和动态进展,生成各地区绿色发展指数。各地区绿色发展指标体系的基本框架应与国家保持一致,部分具体指标的选择、权数的构成以及目标值的确定,可根据实际进行适当调整,进一步体现当地的主体功能定位和差异化评价要求。年度评价结果应当向社会公布,并纳入生态文明建设目标考核:每年绿色发展指数最高的地区得 4 分,其他地区的得分按照指数排名顺序依次减少 0.1 分。目标考核工作由国家发展改革委、环境保护部、中央组织部牵头,会同财政部、国土资源部、水利部、农业部、国家统计局、国家林业局、国家海洋局等部门组织实施,主要考核内容包括国民经济和社会发展规划纲要中确定的资源环境约束性指标,以及党中央、国务院部署的生态文明建设重大目标任务完成情况,突出公众的获得感。目标考核采用百分制评分和约束性指标完成情况等相结合的方法,考核结果划分为优秀、良好、合格、不合格四个等级。考核牵头部门汇总各地区考核实际得分以及有关情况,提出考核等级划分、考核结果处理等建议,并结合领导干部自然资源资产离任审计、领导干部环境保护责任离任审计、环境保护督察等结果,形成考核报告。

为指导生态文明建设评价考核工作,国家发展改革委、国家统计局、环境保护部、中央组织部印发《绿色发展指标体系》《生态文明建设考核目标体系》(发改环资〔2016〕2635 号),具体指标内容见本书 2.2.2 节。在考核数据资料的获取上,采用有关部门组织开展专项考核认定的数据、相关统计和监测数据,“资源利用”“生态环境保护”类目标采用有关部门组织开展专项考核认定的数据,完成的地区有关目标得满分,未完成的地区有关目标不得分,超额完成的地区按照超额比例与目标得分的乘积进行加分。

为加强生态文明建设目标评价考核的部门协调配合,2017 年 3 月,国家发改委办公厅印发《生态文明建设目标评价考核部际协作机制方案》(发改办环资〔2017〕490 号),明确部际协作机制的主要工作内容,即研究部署生态文明建设目标评价考核有关工作,协调解决评价考核工作有关问题,协调评价考核相关数据资料报送、数据衔接、情况通报等工作,提出地方考核等级划分、考核结果处理等建议,讨论形成考核报告。

2017 年 12 月,国家统计局公布了 2016 年各省、自治区、直辖市生态文明建设年度评价结果,即绿色发展指数。从评价结果来看,公众满意程度排名前 5 位的地

区分别为西藏、贵州、海南、福建、重庆。从构成绿色发展指数的6项分类指数结果来看，资源利用指数排名前5位的地区分别为福建、江苏、吉林、湖北、浙江；环境治理指数排名前5位的地区分别为北京、河北、上海、浙江、山东；环境质量指数排名前5位的地区分别为海南、西藏、福建、广西、云南；生态保护指数排名前5位的地区分别为重庆、云南、四川、西藏、福建；增长质量指数排名前5位的地区分别为北京、上海、浙江、江苏、天津；绿色生活指数排名前5位的地区分别为北京、上海、江苏、山西、浙江。

(2) 污染防治攻坚战

2018年6月，中共中央国务院印发了《关于全面加强生态环境保护坚决打好污染防治攻坚战的意见》(中发〔2018〕17号)。意见明确提出要强化考核问责。制定对省(自治区、直辖市)党委、人大、政府以及中央和国家机关有关部门污染防治攻坚战成效考核办法，对生态环境保护立法执法情况、年度工作目标任务完成情况、生态环境质量状况、资金投入使用情况、公众满意程度等相关方面开展考核。各地参照制定考核实施细则。开展领导干部自然资源资产离任审计。考核结果作为领导班子和领导干部综合考核评价、奖惩任免的重要依据。严格责任追究。对省(自治区、直辖市)党委和政府以及负有生态环境保护责任的中央和国家机关有关部门贯彻落实党中央、国务院决策部署不坚决不彻底、生态文明建设和生态环境保护责任制执行不到位、污染防治攻坚任务完成严重滞后、区域生态环境问题突出的，约谈主要负责人，同时责成其向党中央、国务院做出深刻检查。对年度目标任务未完成、考核不合格的市、县，党政主要负责人和相关领导班子成员不得评优评先。对在生态环境方面造成严重破坏负有责任的干部，不得提拔使用或者转任重要职务。对不顾生态环境盲目决策、违法违规审批开发利用规划和建设项目的，对造成生态环境质量恶化、生态严重破坏的，对生态环境事件多发高发、应对不力、群众反映强烈的，对生态环境保护责任没有落实、推诿扯皮、没有完成工作任务的，依纪依法严格问责、终身追责。

(3) 省以下环保机构监测监察执法垂直管理制度改革试点

2016年9月，中共中央国务院印发了《关于省以下环保机构监测监察执法垂直管理制度改革试点工作的指导意见》。意见指出，要落实地方党委和政府对生态环境负总责的要求。试点省份要进一步强化地方各级党委和政府环境保护主体责任、党委和政府主要领导成员主要责任，完善领导干部目标责任考核制度，把生态环境质量状况作为党政领导班子考核评价的重要内容。明确相关部门环境保护责任。试点省份要制定负有生态环境监管职责相关部门的环境保护责任清单，明确各相关部门在工业污染防治、农业污染防治、城乡污水垃圾处理、国土资源开发环境保护、机动车船污染防治、自然生态保护等方面的环境保护责任，按职责开展监督管理。管发展必须管环保，管生产必须管环保，形成齐抓共管的工作格局，实现

发展与环境保护的内在统一、相互促进。地方各级党委和政府将相关部门环境保护履职尽责情况纳入年度部门绩效考核。

2.2.2　研究进展

1. 城市层面的生态文明建设评价考核指标研究

有研究学者从社会生态、经济生态、人居生态、环境生态和交通生态等 5 个方面，对常州市进行评价。有研究学者从生态环境、生态经济、资源基础、民生改善、生态文化和制度建设等方面，评价广州市生态文明建设水平。有研究学者从国土空间优化、资源能源节约利用、生态环境保护、生态文明制度建设等方面，评价武汉市生态文明建设水平。有研究学者从生态文明状态、生态文明压力、生态文明整治、生态文明支撑等方面，对长沙市生态文明建设状况进行综合评价。有研究学者运用压力—状态—响应模型构建了以上海为例的特大型城市的生态文明建设评价的指标体系，并进行了实证研究；另有应用生活宜居度、生态环境健康度、面源污染治理效率、资源环境消耗度等指标构建了大中型城市生态文明评价指标体系；也有从城市的生产空间、制度机制、生活空间和生态空间等四个层面出发选择了评价指标。有研究学者等从生态经济、生态环境、生态文化和生态制度四个方面，对 2011 年北上广深做了横向比较。有研究学者从制度保障、生态人居、环境支撑、经济运行和意识文化 5 个方面，对沈阳市和平区、苏州市相城区、西安市浐灞区、成都市温江区和贵阳市等 5 个典型城市的生态文明城市建设水平进行测度分析。有研究学者对深圳市、天津市、贵阳市近年来生态文明建设情况进行评价。

2. 区县域层面的生态文明建设评价考核指标研究

徐娟等构建了包括经济文明、环境文明、社会文明、精神文明、制度文明等 5 个一级指标的衡阳市县域生态文明建设绩效评估指标体系。王蓉构建了以安塞县为例的包括生态经济、生态环境、生态安全、生态人居等多角度 38 个评价指标。庄怡琳等以崇明岛为例，构建了生态岛建设过程中环境类指标体系（10 项指标）。赵好战以 28 项指标对石家庄市 23 个区（县）2012 年生态文明建设情况进行综合评价。

3. 关于生态文明建设评价考核机制的研究

在许多学者致力于指标体系研究时，部分学者也开始了考核机制的探讨。任丙强认为，建立和完善符合生态文明建设的考核机制是改变地方政府行为、保障相关政策有效落实的重要制度基础。张凌云指出，在考核过程中数据可信是基础，提出要实行环境监测统一管理，加强资源、环境、生态等方面的统计监测，建立健全资源环境生态信息的共享机制和社会监督体系，为考核机制提供数据保障。也有学者从公众参与角度出发，强化激励约束机制，完善信息公开。

2.2.3 典型地区实践

贵州省、河北省、浙江省、江苏省、安徽省、福建省、青海省、江西省、河南省等省份先后出台了生态文明建设目标评价考核办法，天津市、厦门市、南平市、洛阳市、西宁市等城市也相继出台了具体办法。其中，大部分城市实施一年一评价五年一考核；江西省和河南省在五年规划期内实施 2 次目标考核，分别在规划期第 3 年中期和规划期结束后次年进行；贵州省、北京市、洛阳市等省市实行年度考核。评价重点评估各省市上一年度生态文明建设进展总体情况，引导落实生态文明建设相关工作；考核主要考查下一级地方党委政府生态文明建设重点目标和工作任务完成情况，强化各区党委政府生态文明建设的主体责任。绿色发展评价指标均有不同调整，新增地方特色指标，其中北京指标体系调整最大。牵头部门方面，评价牵头大部分省市为统计局，贵州省为生态文明建设领导小组办公室。云南省等进一步加强考核结果应用，指出年度评价连续两年排末 3 位作书面检查，进行约谈。

通过梳理，部分省市生态文明建设目标评价考核办法、目标考核指标体系对比见表 2.1、表 2.2。

多个省市县也相继出台了生态文明建设目标评价考核办法。其中，云南省和昆明市进一步加强考核结果应用，指出年度评价连续两年排末 3 位的县(市)区党委和政府应当向市委、市政府做出书面检查，并由有关部门约谈其党政主要负责人，提出期限整改要求。福建省还初步确定了福建省绿色发展指标体系总体框架，界定了各指标统计口径、范围，核实了历年资料可比性，甄别了数据来源的可靠性，确定了指标体系各指标权数赋值。天津市明确下一步工作，要尽快建立《绿色发展统计报表制度》，制定考核办法实施细则，完成指标体系中主观指标的调查问卷的制作，高质量开展好绿色发展的评价考核工作。南昌市召集有关部门开展全市生态文明建设目标评价考核工作协调会，明确南昌市发改委的市生态办做好评价考核的统筹协调工作并负责牵头考核。

另外，江西省早在 2013 年就建立了一套市县科学发展综合考核评价指标体系，并逐年加大对生态文明建设的力度，突出绿色发展“指挥棒”作用。与 2013 年相比，2017 年江西省县(市、区)生态文明建设考评权重占比最高由 18.0%提高到 23.4%。厦门市完善党政领导干部综合考核评价制度。根据不同区域主体功能定位，实行差异化政绩和绩效评价考核，提高生态文明建设评价考核权重达到 25%。泰州市进一步加大生态文明建设督查考核力度，将生态文明建设目标任务完成情况纳入各地、各部门效能建设与绩效管理考核中，由三个文明考核加分项目变为必考项目并增加考核权重。2014 年起，将 40 家职能部门生态文明建设纳入市级机关绩效管理共性目标年终考评，主要考核生态文明建设年度工作计划、工作组织、工作成效等落实情况。

表 2.1 部分省市生态文明建设目标评价考核办法对比

省市	考核方式	对象	年度评价		目标考核		结果应用
			绿色发展指标	牵头部门	指标	牵头部门	
国家	年度评价、5年考核	省、市、县、区党委、政府	56项，生成各地区绿色发展指数	统计局、发改委、环保部	23项	发改委、环保部、组织部	
贵州	每年一考		49项，体制机制创新和工作亮点(20分) 省生态文明建设领导小组办公室会同相关部门组织实施				未完成绿色发展约束性指标达3项为不合格
江西	年度评价、2年考核		58项，删除草原、海洋、海岸线，新增农村收入、农村垃圾处理、生态安葬率、高耗能行业增加值	统计局、发改委、环保厅	29项，删除海洋、草原，新增农业面源、雾霾、制度改革创新、“江西样板”加分项	发改委、环保厅、组织部	未完成约束性目标达3项为不合格
河南			56项，删除海洋3个指标，新增 PM_{10}、臭氧、受污染地块		22项，删除草原综合植被		末三位通报批评，限期整改
河北	年度评价、5年考核	省、市、县、区党委、政府	58项，新增垃圾分类、煤炭消费削减量、养殖场，删除自然岸线	统计局、发改委、环保厅	24，新增煤炭削减量	发改委、环保厅、组织部	
黑龙江			54项		23项		
浙江			56项		24项		
湖北			49项，删除非化石能源、资源产出率、海洋3项、受污染耕地安全利用率、草原综合植被、绿色产品		21项，删除非化石能源、近岸海域、草原综合植被，新增湿地		
荆州			48项，新增绿色农产品、畜禽粪便综合利用率、河湖水域面积		21项		

（续表）

省市	考核方式	对象	年度评价		目标考核		结果应用
			绿色发展指标	牵头部门	指标	牵头部门	
广东	年度评价、5年考核	省、市、县、区党委、政府	57项，沙化治理改为造林和抚育	统计局、发改委、环保厅	23项，草原植被替代湿地	发改委、环保厅、组织部	公开发布绿皮书
天水市			53项，删除海洋3个指标		22项，删除近岸海域		
江苏			56项，生态红线替代草原植被，人均生态产品替代可治理沙化土地		24项，新增重要江河湖泊水功能区水质达标，生态红线替代草原植被	发改委、环保厅、组织部	
北京	年度评价、中期评估、5年考核	区党委、政府	39项，删除农田灌溉水有效利用系数、资源产出率、农作物秸秆综合利用率、受污染耕地安全利用率、海洋保护区面积、可治理沙化土地，新增矿山恢复治理、人均GDP增长率、新能源汽车、绿色出行、农村自来水普及率、农村卫生厕所普及率，新增单高端产业功能区劳均产出率，建设用地规模替代新增建设用地规模，垃圾分类替代垃圾无害化处理，清洁空气行动和水环境质量目标完成替代7项指标，城市绿化覆盖率替代草原综合植被，居民生活能耗中清洁能源的比重替代绿色产品市场占有率，公园绿地500米服务半径覆盖率替代城市建成区绿地率	统计局、发改委、环保厅	20项指标，清洁空气行动和水环境质量目标完成替代5项指标，垃圾分类制度覆盖范围替代草原综合植被	发改委、环保厅、组织部	

表 2.2　部分省市生态文明建设目标考核指标体系对比

指标			全国	广东	江苏	河北	北京	河南	湖北	江西	天水市
资源利用 30%	1	单位 GDP 能源消耗降低★	√	√	√	√	√	√	√	√	√
	2	单位 GDP 二氧化碳排放降低★	√	√	√	√	√	√	√	√	√
	3	非化石能源占一次能源消费比重★	√	—	√	√	√	√	—	√	√
	4	非化石能源占能源消费比重★	—	√	—	—	—	—	—	—	—
	5	煤炭消费削减量	—	—	—	√	—	—	—	—	√
	6	能源消费总量	√	√	√	√	√	√	√	√	√
	7	万元 GDP 用水量下降★	√	√	√	√	√	√	√	√	√
	8	用水总量	√	√	√	√	√	√	√	√	√
	9	耕地保有量★	√	√	√	√	√	√	√	√	√
	10	新增建设用地规模★	√	√	√	√	—	√	√	√	√
	11	城乡建设用地规模	—	—	—	—	√	—	—	—	—
	12	单位地区生产总值建设用地面积降低率	—	—	—	—	√	—	—	—	—
生态环境保护 40%	13	地级及以上城市空气质量优良天数比率★	√	√	√	√	—	√	√	√	√
	14	细颗粒物 $PM_{2.5}$ 浓度下降★	√	√	√	√	—	√	√	√	√
	15	可吸入颗粒物（PM_{10}）浓度下降	—	—	—	—	—	√	—	—	—
	16	清洁空气行动计划完成情况	—	—	—	—	√	—	—	—	—
	17	地表水达到或好于Ⅲ类水体比例★	√	√	√	√	—	√	√	√	√
	18	近岸海域水质优良（一、二类）比例	√	√	√	√	—	—	—	—	—
	19	重要江河湖泊水功能区水质达标	—	—	√	—	—	—	—	—	—
	20	地表水劣Ⅴ类水体比例★	√	√	√	√	—	√	√	√	√

（续表）

		指　　标	全国	广东	江苏	河北	北京	河南	湖北	江西	天水市
生态环境保护40%	21	地表水环境质量目标完成情况	—	—	—	—	√	—	—	—	—
	22	化学需氧量排放总量减少★	√	√	√	√	√	√	√	√	√
	23	氨氮排放总量减少★	√	√	√	√	√	√	√	√	√
	24	二氧化硫排放总量减少★	√	√	√	√	√	√	√	√	√
	25	氮氧化物排放总量减少★	√	√	√	√	√	√	√	√	√
	26	森林覆盖率★	√	√	√	√	√	√	√	√	√
	27	森林蓄积量★	√	√	√	√	√	√	√	√	√
	28	草原综合植被覆盖度	√	—	—	√	—	—	—	—	√
	29	湿地保护率	—	√	—	—	—	—	√	√	—
	30	生态红线管控水平	—	—	√	—	—	—	—	—	—
	31	垃圾分类制度覆盖范围(生活垃圾处理情况)	—	—	—	—	√	—	—	√	—
	32	美丽中国“江西样板”建设情况(加分)	—	—	—	—	—	—	—	√	—
年度评价结果20%	33	地区生态文明建设年度评价的综合情况	√	√	√	√	√	√	√	√	√
公众满意程度10%	34	居民对本地区生态文明建设、生态环境改善的满意程度	√	√	√	√	√	√	√	√	√
生态环境事件	35	生态环境事件(扣分)	√	√	√	√	√	√	√	√	√
合　　计			23	23	24	24	20	22	21	29	22

注：标★的为约束性考核指标。

以下详细介绍广东省、贵阳市、鄂尔多斯市考核制度。

1. 广东省

(1) 生态文明建设评价考核

广东省生态文明建设评价考核整体框架与中央印发的考核办法框架基本保持一致，也由发改部门牵头组织开展评价考核。增加了绿色发展绿皮书等要求。

绿色发展指标体系方面，在国家四部委制定的《绿色发展指标体系》的基础上，将“非化石能源占一次能源消费比重”改为“非化石能源占能源消费比重”；“生活垃圾无害化处理率”省住房城乡建设厅建议修改为“城市生活垃圾无害化处理率”；“污水集中处理率”省住房城乡建设厅建议修改为“城镇污水处理率”；“草原综合植被覆盖度”省农业厅建议修改为“耕地污染点位超标率”；“可治理沙化土地治理率”省林业厅建议修改为“造林任务完成率”和“抚育任务完成率”；“绿色出行”省交通运输厅建议修改为“城市交通绿色出行分担率”；“城镇绿色建筑面积占新建建筑比重”省住房城乡建设厅建议修改为“城镇新建民用建筑中的绿色建筑比重”。权数分配方法，与中央办法保持一致。

(2) 环境保护目标责任制考核

广东省在开展生态文明建设评价考核的同时，还保留并优化调整了环境保护目标责任制考核制度。《广东省环境保护责任考核办法》(修订稿)中指出，环境保护责任考核针对各市、省直部门分类设置考核内容，相比较原来考核制度，考核对象中增加了省直部门。对市党委和政府的考核内容主要包括地方党委、政府落实环境保护责任情况，水、大气、土壤、固废等污染防治工作，环境监督管理工作和公众环境保护满意率等，见表2.3。对省直部门的考核内容主要包括《广东省生态环境保护工作责任规定(试行)》规定的环境保护工作职责落实情况和省委、省政府部署的年度环境保护工作落实情况等。

表2.3 广东省对地级以上市党委、政府的考核指标体系及主要考核内容

序号	一级指标名称	二级指标
1	地方党委、政府落实环境保护责任情况	
2	水污染防治工作	水主要污染物减排完成情况
		水环境质量目标完成情况
		水污染防治重点工作任务完成情况
3	大气污染防治工作	大气主要污染物减排完成情况
		大气环境质量目标完成情况
		大气污染防治重点工作任务完成情况
4	土壤污染防治工作	农用地分类管理情况

（续表）

序号	一级指标名称	二级指标
4	土壤污染防治工作	建设用地准入管理情况
		污染源头监管情况
5	固体废物污染防治工作	
6	环境监督管理工作	划定并严守生态保护红线情况
		环境安全监管情况
		环境执法
		环境信访
7	公众环境保护满意率	

2. 贵阳市

贵阳市制定了《贵阳市生态文明建设目标评价考核办法》《绿色发展指数统计监测方案》《生态环境质量“一票否决”考核实施方案》《贵阳市生态环境质量考核实施细则》和《2017年度环境保护目标考核权重调整方案》，各制度相互独立又紧密结合。

(1) 生态文明建设目标评价考核办法

贵阳市生态文明建设目标评价考核办法具有较多创新性。贵阳市实行以市生态文明建设领导小组和其办公室为牵头部门；开展年度考核，考核内容见表2.4，不仅包括国家每年度绿色发展评价指标体系，同时还包括“体制机制创新和工作亮点”。配套出台了《绿色发展指数统计监测方案》，明确了49项指标具体的监测对象、监测内容、计算方法（指标解释）、监测时期、各部门分工和时限要求等，为贵阳市生态文明建设目标评价考核提供基础数据支撑。

表2.4　贵阳市生态文明建设目标评价考核体系

目标类别	考核内容	来源
绿色发展指数	包含资源利用、环境治理、环境质量、生态保护、增长质量、绿色生活六个方面49项指标，其中约束性指标15项	市统计局
体制机制创新和工作亮点	生态文明建设体制机制取得突破，经验得到推广或得到上级部门的表扬，以及其他被公认的工作亮点	市生态文明委
公众满意程度	公众生态环境质量满意程度抽样调查	市统计局
发生重特大生态环境事件等	发生重特大突发事件、造成恶劣社会影响的其他环境污染责任事件、严重生态破坏责任事件	领导小组办公室

通过强调对体制机制创新考核，不断深化生态文明制度改革，贵阳市绿色制度不断完善。成立贵阳市自然资源资产责任审计试点工作领导小组，完成清镇市、花溪区领导干部自然资源资产离任审计。全面推行政府、民间双"河长制"，探索建立市区乡村四级"林长制"、土地管理"片长制"。健全环境保护督察制度、环境信息发布制度，完善生态环境保护行政执法与刑事司法衔接制度，推进森林公安体制和环保机构垂直管理制度改革。积极开展环境损害赔偿试点，清镇市人民法院生态保护法庭审结全国首例生态环境损害赔偿案件。挂牌成立全国首个绿色金融法庭，正式成立贵阳国浩生态环境保护人民调解委员会。在清镇市开展自然资源统一确权登记试点，划分36 000多公顷将近100个自然资源登记单元，开展摸底调查等准备工作。建立以绿色农业为导向的农业补贴制度。

（2）环境保护目标考核

在贯彻落实上级生态文明建设目标评价考核制度的同时，贵阳市还同时开展年度环境保护目标考核，考核对象包括全市10个区（市、县）、4个开发区和99家市直部门、13家市管企业，考核对象均需签订生态文明示范城市建设目标责任书，生态文明建设考核结果与各级各部门工作绩效紧密挂钩。

考核评估组织由三部分组成：①《贵阳建设全国生态文明示范城市规划》年度目标（主要包括制定实施方案、节能减排及节水、林业绿化、环境保护、加强监管和环境空气质量改善等方面）及其他生态文明建设工作任务由市生态文明委依据《2013年贵阳市建设生态文明示范城市规划年度目标评分办法》组织考评；② 公共机构节能、贵阳市创建环境保护模范城市、巩固"创文"成果、巩固"创卫"成果分别由市直机关管理局、市创模办、市文明办、市爱卫办依据相应考评办法组织考评；③ 市直机关管理局、市创模办、市文明办、市爱卫办考评分值报市生态文明委审核、备案、汇总后，报市目标绩效考核工作领导小组办公室。

针对不同的考核对象，考核内容及权重又有相应的侧重点。

1）行政区：①《贵阳建设全国生态文明示范城市规划》年度目标（权重70分）；② 公共机构节能（权重10分）；③ 继续开展"整脏治乱"专项行动及"满意在贵州"主题活动，认真做好"两巩固一创建"（权重30分）；

2）开发区：①《贵阳建设全国生态文明示范城市规划》年度目标及其他生态文明建设工作任务（含节能减排一票否决）（权重高新区90分、经开区92分）；② 公共机构节能（权重8～10分）；

3）市直部门类：①《贵阳建设全国生态文明示范城市规划》年度目标；② 公共机构节能（权重10分）；③ 继续开展"整脏治乱"专项行动及"满意在贵州"主题活动，认真做好"两巩固一创建"（权重15分）；

4）市管企业类：主要是《贵阳建设全国生态文明示范城市规划》年度目标；

5）考核计分方法：① 同一考核目标具有多项子目标，子目标未确定分值的按

考核目标分值除以该目标子目标数得到的值作为子目标分值;② 完成目标的记基本分,超额不加分;③ 未完成目标的按比例扣分,最多记 0 分,不计负分。其中定性目标采用随机抽查、材料审查和综合评议相结合。

《2017 年度环境保护目标考核权重调整方案》通过调整后,提高了生态环境保护在政府绩效考核中的权重,占比不低于 10%,其中各区县权重不低于 12%,市直部门权重达到 10%~38.5%,市管企业权重达到 10%~20%。同时,实施差别考核,根据各区功能定位及市直部门工作职责,其他设计生态文明建设目标归并进行考核,充分体现考核权重差别。在区县一级,分成 4 类,一类区(都市功能核心区、都市功能发展区)固定权重为 12%,二类区(城市发展拓展区)固定权重为 13%,三类区(生态保护发展区)固定权重为 14%,四类区(开发区)固定权重为 10%,归并相关考核指标后,行政区生态环境相关指标考核权重达到 16.4%~19.6%,开发区达到 10%~14.5%。注重考核结果应用,《贵阳市生态环境质量考核实施细则》中明确指出,生态环境质量作为全市千分制综合绩效目标管理的重要内容,依据考核结果,严格兑现奖惩。

3. 鄂尔多斯市

(1) 生态文明建设目标评价考核

2018 年 6 月,鄂尔多斯市出台了《鄂尔多斯市生态文明建设目标评价考核办法》,该办法基本沿用国家《生态文明建设目标评价考核办法》,实行年度评价、五年考核;年度评价由市统计局、市发改委、市环保局、市委组织部牵头,共 53 项指标,较国家指标体系少了近岸海域水质优良等 3 项指标;五年考核由市发改委、市环保局、市委组织部牵头,共 23 项指标,删除了“近岸海域水质优良(一、二、三类)比例”,并新增了“各地区生态保护红线成效情况”(权重 10 分,权重最大指标)。

(2)“五位一体”综合考核

2015 年 6 月,为认真贯彻落实中央“四个全面”的战略布局,全面推进转型发展各项重点任务的落实,鄂尔多斯市把考核作为市委、市政府指导工作、督促工作和推动工作的一个重要抓手,构建了“五位一体”综合考核评价体系,确保全市各项重点工作优质高效完成。

考核体系注重有效竞争。形成全面建成小康社会、全面深化改革、全面依法治市、全面从严治党和党风廉政建设五项工作任务,每项任务制定一套考核指标,配套出台考核细则及评分办法,形成“五位一体”综合考核评价指标体系,通过考核推动全市各项重点工作任务的落实。旗区和市直部门针对每项指标进行横向比较,单独赋分、单独考核、单独排序、单独通报,使被考核单位优劣得失一目了然,推动形成相互竞争的工作机制,避免了以往各项指标依据权重简单累加、按总分排序而导致竞争弱化的问题。

指标设置体现量化差异。坚持把考核变得可指导、可量化、可督查、可考核、可

评价，在指标设置上，既突出重点，又体现差异。年初，围绕全市重点工作，结合旗区地域特点、部门职能职责以及不同工作量和难易度，为每个旗区、每个部门量身定制“任务清单”，明确具体责任人、工作成效及完成时限，层层分解任务，推动工作落实。环境保护等11项重点工作，作为共性任务分解落实至各旗区。同时，根据各地资源禀赋和工作重点，分别设置了若干项各有侧重的指标，比如，将乌审旗抓生态环境保护、康巴什新区抓改革试点等作为考核重点，形成各具特色的差异化指标体系，使考核更加科学、合理、准确。

考核方式突出过程管理。坚持平时考核与年终考核相结合，扭转了以往考核工作注重对领导班子和干部工作结果进行年底一次性评定的局面，更加突出问题导向，更加突出过程管理，使考核工作既有力推动工作落实，又准确评价班子和干部业绩，尤其是把推动工作落实提到更加重要的位置，引导各级干部特别是县处级领导干部勇于负责、敢于担当，坚决纠正不作为、乱作为，坚决克服懒政、怠政。围绕“五位一体”考核指标，采取灵活多样的形式，将重点工作按时间节点和工作性质随时、随机进行考核，即时打分、即时反馈，并做好跟踪问效。5月份，已对8个旗区及康巴什新区，就林业生态建设等工作，开展了平时考核。同时，在电子政务内网建立综合考核评价信息化管理平台，借助现代信息技术手段，对县处级领导干部分管工作及重大任务完成情况进行平时监控，随时掌握工作进度，督促各级各部门把功夫下在平时，推动年度各项工作达到更加富有成效的落实。

2.3 主要经验借鉴

2.3.1 注重与上级评价考核指标体系相融合

《绿色发展指标体系》和《生态文明建设考核目标体系》是我国各部委针对我国可持续发展方针和生态文明建设要求所提出的考核依据，充分考虑了《国民经济和社会发展第十三个五年规划纲要》和《中共中央、国务院关于加快推进生态文明建设的意见》中的资源环境约束性指标等内容，体现了它的权威性和合理性。此外，要想改变原有的经济增长模式和消费模式，就必须在生态文明评价指标体系中纳入绿色发展的相关指标。科技驱动、降低单位GDP的能耗、推进现代服务业发展、提升企业经济效益都是实现国内绿色经济发展的重要手段。那么在针对深圳市构建生态文明建设评价考核指标体系时，就有必要在该评价考核指标体系中纳入更多关于绿色发展和考核目标体系的相关指标。

2.3.2 体现地区差异化

多个省市在考核时，往往针对地理位置、区位特点、优势条件和发展需求的差异将本地区划分为工业发展型、生态良好型等多种类型，设置各有侧重的指标体系进行分类考核。例如，长沙县利用考核指标权重的不同，引导各乡镇、街道因地制宜、各有特色地进行发展；同时根据各个乡镇、街道独有的特色和具体工作内容，增加单独设置的个性化考核指标。贵阳市环境保护目标责任考核中，对10个区、99家市直部门实施差别考核，根据各区功能定位及市直部门工作职责，设计生态文明建设目标归并进行考核，充分体现考核权重差别。鄂尔多斯则为每个旗区、每个部门量身定制"任务清单"，根据各地资源禀赋和工作重点，分别设置了若干项各有侧重的指标，形成各具特色的差异化指标体系。重庆考核指标体系中突出了功能导向，其中，渝东北生态涵养发展区和渝东南生态环保发展区不再考核GDP，重点突出环境保护和生态建设工作，同时都市区重点考核空气质量，而生态区重点考核水环境保护。"分类考核"的方法认识到了考核对象的差别，打破了过去"一刀切"的考核方法，并且根据发展的实际与时俱进地调整分类方法、考核模式和指标权重，充分保障考核结果准确真实地反映出当地政府工作的成绩和问题。

深圳市在具体考核指标设计时要注意结合各区经济社会发展水平、资源环境禀赋等因素和市直部门工作职责及难易程度，针对不同主体功能区和职责要求，构建差别化的生态文明建设评价考核指标体系，制定特色指标，并设置差异化权重，形成符合各主体功能定位的导向机制，使评价考核更具科学性、针对性和指导性。例如，对大鹏、盐田等生态功能区，在共性考核基础上，适当增加生态功能建设和生态保护成效方面的考核，做到因地制宜，突出特色。

2.3.3 加强过程管理和能力建设

生态环境部率先启动生态大数据的建设工作。生态环境部已经完成生态大数据项目一期工程的招投标和建设工作，并在内蒙古、吉林、贵州、江苏、武汉、绍兴6省市区开展了生态环境大数据建设试点，逐步在全国范围内推进大数据建设和应用。经了解，全国大多省份于2017年已先后启动或准备启动生态环境大数据建设。比如，福建省生态云(生态环境大数据)平台项目。鄂尔多斯通过建立综合考核评价信息化管理平台，借助现代信息技术手段，对重大任务完成情况进行平时监控，将重点工作按时间节点和工作性质随时、随机进行考核，即时打分、即时反馈，并做好跟踪问效。

深圳市生态文明建设考核应建立信息化考核管理平台，实现日常评价考核及电子化绿色考核。建议切实加强深圳市生态文明建设领域统计和监测的人员、设备、科研等基础能力建设，增加指标监测调查频率，提高数据的科学性、准确性和一致性，为承接对上年度评价五年考核，以及全市年度评价、年度考核提供数据支撑。同时，在考核过程中要更加注重过程评价，加大对重点项目和落后指标的日常现场检查力度，把推动工作落实提到更加重要的位置，在日常检查和年终考核中，考核

办和行业主管部门要加大对考核问题较多单位的帮扶力度，协助诊断问题，查找原因，提出改进问题的建议与对策。

2.3.4　加强考核结果应用

2005年，原国家环保部向中组部建议，把执行环保法律法规、污染排放强度、环境质量变化、公众满意程度等4项环境保护的指标，列入各级地方政府干部的考核体系，欲把环境质量的恶化问题与官员的“帽子”和“权力”挂起钩来。试点首先在四川、内蒙古和浙江三个省区进行，然后各地纷纷开始探索。2005年至今，陆续有黑龙江、江苏、上海、宁夏、浙江、河北、重庆、山西等省市区试行将环保指标纳入政绩考核体系。厦门市根据不同区域主体功能定位，实行差异化政绩和绩效评价考核，提高生态文明建设评价考核权重达到25%。2017年与2013年相比，江西省县(市、区)生态文明建设考评权重占比最高由18.0%提高到23.4%。贵阳市高度重视，实行以贵阳市生态文明建设领导小组和其办公室为牵头部门，按照中央环保督察意见，制定了《2017年度环境保护目标考核权重调整方案》，通过调整后，提高了生态环境保护在政府绩效考核权重，占比从不足5%提高到不低于10%，其中各区县权重不低于12%，市直部门权重达到10%～38.5%，市管企业权重达到10%～20%。根据《湖北省2012年市(州)党政领导班子年度考核指标赋分说明》，在考核体系中经济发展占30分、社会进步占15分、人民生活占20分、资源环境占10分、文化建设占10分、党的建设占15分，经济发展指标所占的比重最大但不构成约束性指标，资源环境的比重虽只有10%，但全部为约束性指标。

相较其他省市，深圳市生态文明建设考核的重要性和权威性仍存在局限。因此，建议将市生态文明建设考核领导小组升格为由市委市政府、市委组织部、政府相关部门主要领导组成，提高其权威性；加强生态文明建设评价考核结果应用，将考核结果与干部提拔任用、奖惩晋级等相结合，建立更明确的生态文明建设激励约束制度，增强生态文明建设执行力；对生态文明建设成绩突出的地区、单位和个人给予相应的精神层面和物质层面的奖励，加大对重点生态功能区财政转移支付力度，并与生态保护成效挂钩。

2.3.5　建立健全动态调整机制

生态文明建设具有阶段性特征，在时间跨度上具有长期性和阶段性，不可能一蹴而就。考核制度作为整个生态文明建设考核工作的纲领性文件，要更加注重内容和要求的延续性。贵阳市2008年起开始施行生态文明考核，考核对象从最初的区域管理类、窗口单位类、非窗口单位类到目前的区域类、市直部门类和市管企业类，考核对象和考核指标都在不断更新变化。重庆党政一把手环保实绩考核由2000～2002年初创阶段，到2003～2009年完善阶段，2010～2012年的全面创模

阶段，再到目前的深化改革阶段，不同时期的考核侧重点都在与时俱进。

深圳生态文明考核更应该关注全程、动态优化，以3～5年的中长期时间尺度来考量，在国家省市关于生态文明建设的发展战略、基本条件等发生重大变化的时候，适时启动考核制度的修订工作，让整个考核制度充分体现前瞻性和导向性。同时，考核实施方案要建立年度优化机制，一方面要通过开展专门的考核年度评估机制或借助全市经济形势分析会、环境形势分析会、环境质量分析会等其他综合决策平台，准确掌握全市生态文明建设的年度工作成效与主要问题，对下一年度生态文明建设的形势做出研判，明确生态文明建设各个领域的年度重点工作任务和相应责任主体，在此基础上对指标考核内容进行优化和完善；另一方面，要结合每年度考核的实施情况和反馈意见，借鉴其他地区在生态文明建设考核的先进经验，对指标考核方式进行优化和完善，让考核更加公平，更好地发挥激励和导向作用。

2.3.6 完善各方参与机制

生态文明考核，需各方参与形成生态文明建设合力。贵阳市在生态文明考核过程中，引入公众评价机制，在全市试行以工作实绩和公众评价为依据的绩效考核制度。重庆市考核指标中突出了民生导向和民意导向，让群众满不满意、媒体舆论认不认可作为评价环保工作的重要标志。

深圳生态文明建设考核过程中，应进一步创新和完善考核各方的参与机制，在“五位一体”总体布局要求下，继续拓展和深化原“大环保”格局，逐步形成市委市政府直接领导，发改委、生态环境部门等牵头管理部门统一监督管理，各区各部门齐抓共管的工作机制，以及政府带头示范、企业通力合作、公众踊跃参与的工作氛围，形成全市生态文明建设合力。因此，建议在深圳市生态文明建设考核指标体系中优化民生指标设置，突出以下两点：一是以人为本，充分考虑公众对生态环境质量的直观感受指标。重庆考核指标体系突出了环境质量导向，强化地方政府对环境质量负责理念，由过去重点考核工程建设变为重点考核环境质量。基本的环境质量是一种公共产品，是政府必须确保的公共服务，政府必须让公众实实在在地感受这一公共服务。二是充分考虑公众的生态文明建设参与权利。对涉及资源利用、环境保护、生态建设等领域的发展规划、重大政策和建设项目，地方政府应充分考虑民意，与公众进行互动对话；基层政府和群众性自治组织，应将生态文明建设纳入居民公约、村规民约，开展生态文明家庭创建活动；要通过公开栏、报纸、电视、微博、微信等多种途径和方式向全社会公布领导干部生态文明建设的进度、成果和计划，通过公开评议、个别访谈、问卷调查等方式，充分了解群众对领导干部政绩的认可度和满意度。

3 深圳生态文明建设考核制度的建立与演化

3.1 考核制度的建立

2007 年，党的十七大报告指出，“在新的发展阶段，全党要深入贯彻落实科学发展观，坚持全面协调可持续，坚持生产发展、生活富裕、生态良好的文明发展道路，建设资源节约型、环境友好型社会，加强能源资源节约和生态环境保护，增强可持续发展能力”。十七大报告还明确提出，“要完善体现科学发展观和正确政绩观要求的干部考核评价体系，形成干部选拔任用科学机制”。

经过三十多年的发展，深圳作为产业大市、经济大市、人口大市，与空间小市、资源小市的矛盾日益突出，环境承载力严重透支，资源环境成为经济社会可持续发展的短板。如何破解这一经济社会发展与资源节约环境保护统筹兼顾的难题，成为摆在全市人民面前的一项十分重要而又紧迫的任务。在此背景下，深圳市考核制度应运而生。

(1) 健全环境保护责任制，体现国家环境管理新要求

2005 年，国务院召开第六次全国环境保护大会，出台了《关于落实科学发展观加强环境保护的决定》(国发〔2005〕39 号)，决定明确规定“地方人民政府主要领导和有关部门主要负责人是本行政区域和本系统环境保护的第一责任人，政府和部门都要有一位领导分管环保工作，确保认识到位、责任到位、措施到位、投入到位”。明确了政府和部门相关领导对本行政区域和本系统的环保责任。

(2) 拓展地方先行实践，深化广东省环保责任考核工作

2003 年，广东省委办公厅、省政府办公厅联合颁布了《广东省环境保护责任考核试行办法》(粤办发〔2003〕6 号)，配套制定了考核指标体系及实施细则，广东省政府与各地级以上市政府签订环境保护任期责任书，开始对各地级以上城市党政领导班子及负责人进行环保责任考核。广东省环保责任考核由广东省环保厅具体组织实施，每年依据责任书开展一次，考核结果报省委组织部备案，并存入被考核党政负责人的个人档案，作为评价干部政绩、评定年度考核档次、实行奖惩和任用的重要依据之一。广东省委省政府同时要求各地级以上市委组织部和环境保护行政主管部门参照省考核办法，对各市、县(区)政府领导班子及领导进行环保考核。

(3) 落实市委市政府“1号文件”，推进生态市建设

2006年底，深圳市委市政府召开了全市环境保护大会，2007年以市委市政府“1号文件”形式颁发了《中共深圳市委、深圳市人民政府关于加强环境保护建设生态市的决定》(深发〔2007〕1号)(以下简称《决定》)，开启了深圳市环保实绩工作的历史篇章。《决定》中明确了党政“一把手”的环保责任，提出“要建立党政领导班子和领导干部环境保护实绩考核机制，把资源消耗、环境损失和环境效益作为领导班子和领导干部考核的重要内容”。《决定》中分解出的76项具体任务量大面广、工作难度大，涉及全市几十家单位和部门。这也要求深圳市必须建立强有力的党政领导班子和领导干部的环境保护实绩考核机制，推动各区各部门环保工作任务的落实，确保生态市建设目标与任务顺利完成。

(4) 创新环境管理手段，搭建更高考核平台

2006年，虽然在经济社会和环境资源协调发展方面取得了较好成绩，但深圳市当时所面临的生态环境形势依然十分严峻，生态环境问题成了制约经济社会健康稳定发展的重要因素。随着市民对生态环境质量的要求越来越高，以及经济社会发展阶段进入新阶段，更深层次、难解决的生态环境问题逐渐浮现，而当时无论是国家“环境综合整治定量考核”“环保模范城市复查”、广东省“环保责任考核”，还是已经成功实施2年的深圳市“治污保洁专项考核”等环保专项考核，考核力度、考核广度和考核深度上已不能满足当时生态环境保护工作的需要，迫切需要搭建一个更高的考核平台。

3.2 考核制度顶层设计

3.2.1 制度框架

先后制定出台了《深圳市环境保护实绩考核试行办法》和《深圳市生态文明建设考核制度(试行)》，使之成为开展考核工作的制度依据。考核制度确定了考核领导小组、考核办公室、考核组三个工作机构。考核制度创立之初，以生态文明建设全局视角，把生态文明建设相关责任主体纳入考核，对各区、市直部门以及重点企业的领导班子和党政正职进行考核。明确了考核主要内容，针对不同类别考核对象分类设置考核内容和具体考核指标，应包括生态建设和环境保护、资金投入、优化国土空间、资源节约和循环利用、公众满意率等多项指标内容，基本涵盖了生态文明建设各项重要工作。考核制度规定，生态文明建设考核每年开展一次，实行年度现场评审制度，每两年召开一次现场陈述会(大小考年相结合)。明确考核结果分为优秀、合格和不合格三个等级，规定了考核结果的复核程序和考核结果应用要求。

罗湖、南山、宝安、龙岗等10个区在参考借鉴深圳市生态文明建设考核制度基础之上，建立了生态文明建设考核机制，完善了区级干部考核评价体系，成立生态文明建设办公室或生态文明建设考核办公室。

3.2.2 考核方案

依据《深圳市生态文明建设考核制度(试行)》(深办发〔2013〕8号)，在系统总结上一年度生态文明建设考核工作成效与问题的基础上，结合当前生态文明建设的重点任务、关键问题、民生热点等新形势新要求，每年度制定年度考核方案，对考核方式、考核对象、考核内容、考核工作安排进行及时优化调整。考核修订原则主要包括全面覆盖，重点突出；准确衔接，避免重复；科学设计，确保落实等。近几年考核内容来源主要依据《关于推进生态文明、建设美丽深圳的决定》(深发〔2014〕4号)、《关于推进生态文明、建设美丽深圳的实施方案》(深办发〔2014〕9号)，以及水、气、土污染防治行动计划、年度政府工作报告、五年规定等重要政策文件。

3.2.3 工作流程

考核工作流程主要包括制定印发考核方案，开展现场检查，资料审查、评分和复核，组织实绩现场评审，审核、审定考核结果，见图3.1。

1) 制定印发考核方案。当年6月底前，印发《深圳市当年度生态文明建设考核实施方案》，启动当年度考核工作。考核方案出台前一般需要多次征求被考核单位及指标数据提供单位的意见，并提请考核办领导审议，经考核领导小组审定后印发实施。

2) 现场检查。日常检查在全年内按照定期检查和不定期抽查方式开展，年终检查在当年年末或次年年初开展。

3) 资料审查、评分和复核。次年1月底前，考核办组织第三方机构对考核对象所提供的佐证材料进行资料审查。考核办完成除“生态文明建设工作实绩”外的所有指标数据的采集和计分工作，将指标得分通报各考核对象。考核对象如有异议，应在接到指标得分结果后7个工作日内向指标来源单位提出书面复核申请，并抄报考核办。指标来源单位在接到复核申请后7个工作日内进行研究核实，将复核结果书面反馈申请单位并抄送考核办。

4) 生态文明建设工作实绩现场评审。次年2月底前，考核办组建生态文明建设考核评审团，开展评审团培训，评审团进行现场评审和打分。

5) 审核考核结果。次年4月底前，考核办形成考核结果建议，考核组专家针对各单位生态文明建设工作提出考核意见，报考核领导小组审核；考核领导小组对考核结果及考核意见进行审核，形成考核结果、年度优秀奖和进步奖单位等报请市委常委会审定。

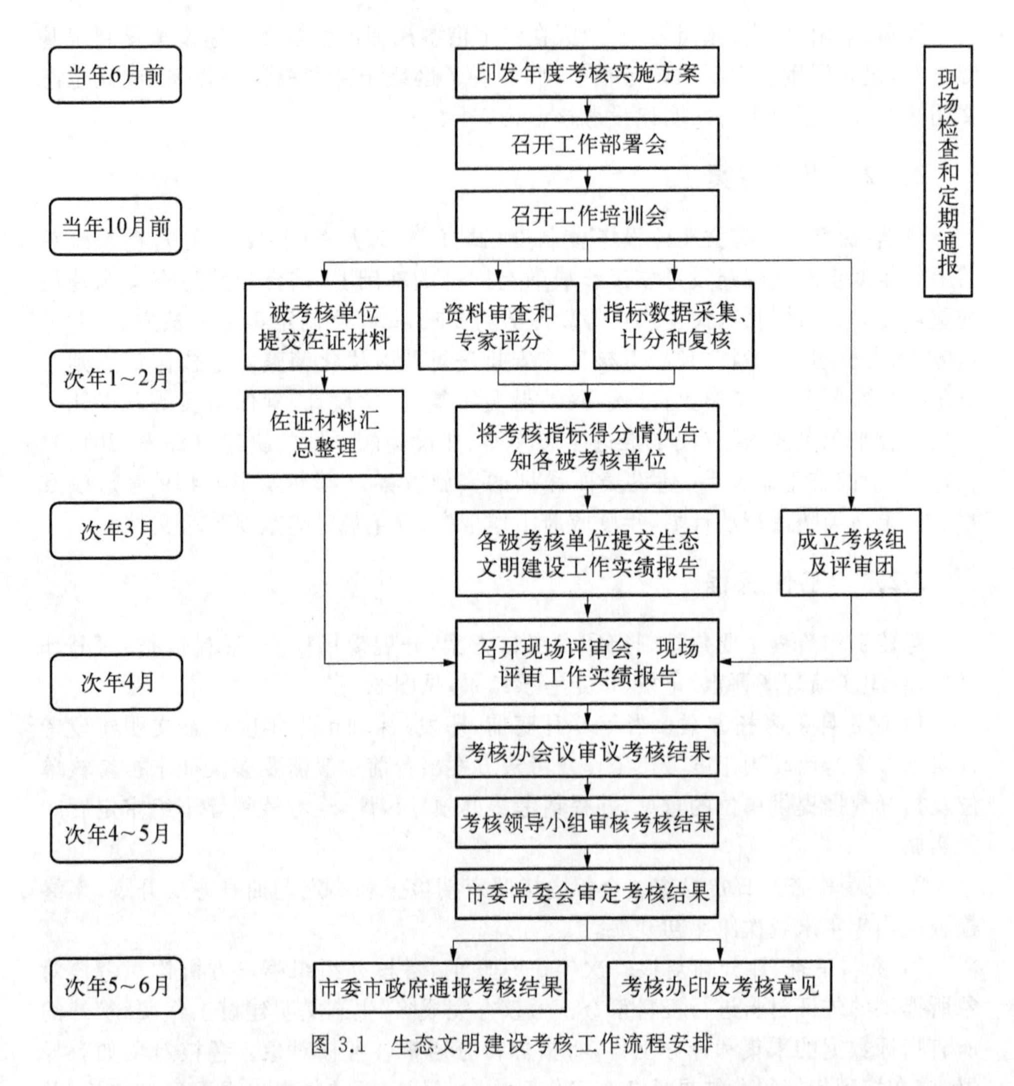

图 3.1　生态文明建设考核工作流程安排

6）审定考核结果。市委常委会审定生态文明建设考核结果，并按程序通报。纳入市管领导班子和市管干部考核内容，作为评价领导干部政绩、年度考核和选拔任用的重要依据。

3.3　发展历程

3.3.1　环境保护实绩考核

2007 年，深圳市以“1 号文件”方式印发了《中共深圳市委、深圳市人民政府关

于加强环境保护建设生态市的决定》，明确提出要建立党政领导班子和领导干部环保实绩考核机制，并把考核结果作为干部任免奖惩的重要依据之一。为贯彻落实市委市政府一号文件要求，2007 年 12 月，市委办公厅和市政府办公厅联合印发《深圳市环境保护实绩考核试行办法》(深办〔2007〕46 号)，深圳市环保实绩考核工作正式拉开了序幕，并于 2008 年 3 月完成了第一次环境保护实绩考核。从 2007 年至 2012 年，环境保护实绩考核前后实施了 6 年(图 3.2)。环保实绩考核留下了宝贵财富，为确保深圳市生态环境质量的持续改善、环境承载能力不断提升，支撑全市社会经济持续快速发展做出了突出贡献。

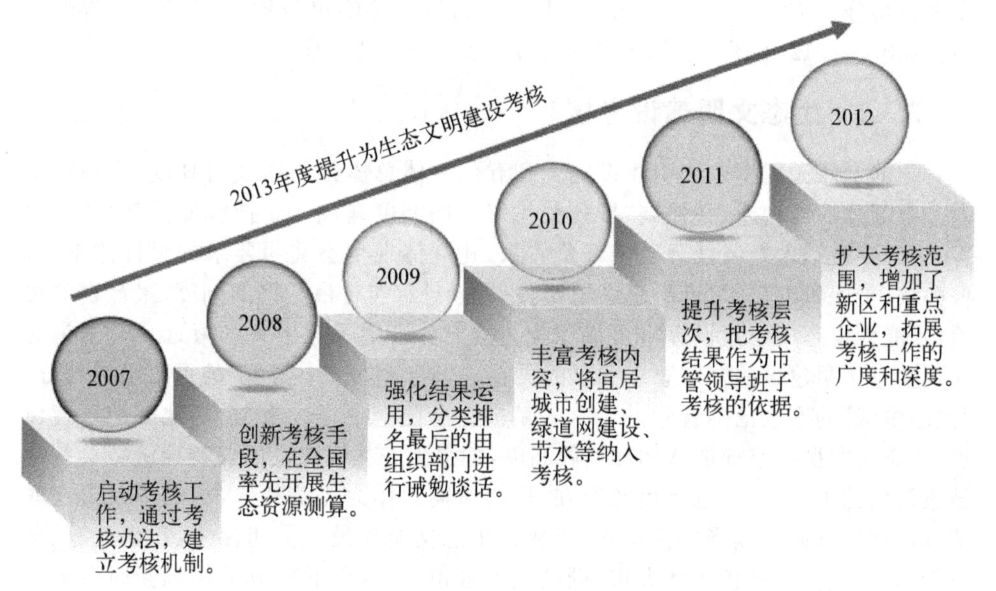

图 3.2 环保实绩考核六年发展历程

2007 年度的首次考核，建立了一整套比较完备的环保实绩考核工作机制，以实际数据来考核干部，是对原问答式的口头考核制度的重要转变，有效降低了考核过程中的人为因素，使考核更加客观、科学，考核结果更加可信。此后，每年度的考核均在继承上年度工作的基础上，根据形势需求不断创新完善。

加强组织机构，增加市发改委、市规划国土委和市统计局作为考核机构成员单位。创新考核程序，首创现场答辩环节，强化现场检查工作要求，增加资料审核环节。扩大考核对象，根据改革和工作要求，考核对象由最初 28 个扩大至 38 个。全部新区纳入考核，市直部门中纳入了前海管理局，建立起与当时行政功能区划相适应的“6+4+1”的考核格局，重点企业中纳入了与污染防治工作和生态环境质量密切相关的 9 家企业，推动重点企业履行社会责任。扩大评审团成员，加大市民代表人数。评审团由最初的 35 人增加至 50 人，市民代表由 12 人增加到 20 人并新增 5

名环保市民。

丰富考核内容，扩展“环保”内涵界限。新增生态资源测算指数、绿道网建设、生态控制线内违法开发情况等生态保护内容，增加节能降耗考核、节水城市建设、绿色建筑、宜居社区建设、公众环境意识水平等绿色生产生活方式内容。通过这些调整，充分体现了市委市政府对市民生态环境安全感、归属感和认同感，以及提升城市品位，实现城市科学、和谐、可持续发展的重视和关注。

强化考核结果应用。按照奖惩分明原则，设置进步奖，并开始实施对各区、重点考核部门和一般考核部门分类排名最后一名的单位进行诫勉谈话；增加了对年度考核得分在70分（不含70分）以下且排名为末位的单位做出“黄牌”警告的内容。2007～2012年环保实绩考核主要变化情况如表3.1所示。

3.3.2 生态文明建设考核

党的十八大把生态文明建设提升到五位一体总体布局的战略高度，第一次单列一个部分加以论述，并强调“要加强生态文明制度建设。要把资源消耗、环境损害、生态效益纳入经济社会发展评价体系，建立体现生态文明要求的目标体系、考核办法、奖惩机制”。习近平总书记明确指出，只有实行最严格的制度、最严密的法治，才能为生态文明建设提供可靠保障。这充分表明了党中央和习近平总书记对加强生态文明建设的坚定意志和坚强决心。当前，作为“中国梦”的重要组成部分，“美丽中国”的愿景已随着党的十八大精神在全国上下得以贯彻，各地都把环境保护、生态文明摆在空前的认知和实践高度，加强生态文明建设不仅是经济社会持续健康发展的关键保障，也是民意所在、民心所向。作为经济特区，深圳不仅要在改革开放创新方面继续当好排头兵，更要在生态文明建设上大胆探索、积累经验、示范带动，加快建设绿色经济大市、低碳发展强市，使绿色低碳成为深圳新时期最重要的生产力和竞争力，为建设“美丽中国”做出深圳经济特区更大的贡献。

党的十八大后，生态文明建设理念和相关内涵、特征、建设要求等一系列内容已经产生了一次重要的飞跃，环保实绩考核工作总体外部形势已经发生了重大变化，在原环保工作体系下的种种突破和创新已经无法满足当前生态文明建设的新形势、新要求。一是考核制度的顶层设计迫切需要重新谋划，必须从根本上更新指导思想和工作理念，跳出环保工作的条框限制，以生态文明建设的全新视角重新审视和指导整个工作体系；二是考核制度的各个环节迫切需要审视和改进，必须配套对考核体系、考核内容、考核方式进行修改和完善，把新理念、新要求逐条细化并落实到考核工作中去；三是环保实绩考核工作中尚未得到有效解决的问题，可以依托生态文明建设考核的平台加以解决。

为了切实把党的十八大关于生态文明建设的新精神、新任务、新要求贯彻落实到全市经济社会发展各领域和全过程，深圳市委市政府更加重视做好顶层设计和

表 3.1 历年环保实绩考核主要变化情况

年度	组织机构	考核程序	考核对象	考核内容	评审团组成	结果运用
2007	建立考核领导小组、考核办公室、考核组三层体系	各被考核单位提交环保工作报告，由评审团评分；考核组提出考核意见，考核结果经考核办审议后报领导小组审核，最后报市委常委会审定	包括各区、与人居环境相关的政府部门以及与环境污染治理有关大型国有集团公司	包括环保指标及任务完成情况、环保工作综合情况两部分，涉及空气质量优良天数等 9 项指标	35 人，由 5 名人大代表、5 名政协委员、3 名特邀监察员、5 名环保专家、5 名环保监督员、12 名市民代表组成	考核结果作为被考核单位党政主要领导政绩考核的一部分；考核结果分为优秀、合格和不合格
2008	—	增加现场答辩环节	新增光明新区管委会和卫生局 2 个市直部门和公交集团有限公司	新增生态资源测算指标	35 人，人大代表和政协委员各减少 1 名，市民代表增加 2 名	—
2009	领导小组增加市发改委	强化现场检查	根据大部制改革，部门有所调整	—	35 人，特邀监察员增加 1 名，市民代表减少 1 名	奖惩分明，设置进步奖，同时对排名最后的单位进行诫勉谈话
2010	—	进一步强化现场检查；增加对一般单位的评审团现场亮分环节	新增光明新区和坪山新区 2 个行政区	新增节能降耗考核、节水城市建设、绿道网建设、宜居社区建设等内容，将生态控制线内违法开发情况作为扣分项	37 人，特邀监察员减少 1 名，市民代表增加 3 名	增加对年度考核得分在 70 分（不含 70 分）以下且排名为末位的单位作出“黄牌”警告的规定
2011	领导小组增加市规划国土委和市统计局	增加资料审核环节；除国有集团外的单位均需进行现场陈述和答辩	不再区分重点考核单位和一般考核单位	增加对生态控制线内违法开发情况的考核，加大河流水环境质量考核权重	—	—
2012	—	—	新增龙华新区和大鹏新区；新增前海管理局；新增市地铁集团、市机场（集团）等 9 家重点企业	新增“绿色建筑”“公众环境意识水平”，将空气污染指数（API）调整为空气质量指数（AQI）	将评审团人数由 37 人增至 50 人，并新增 5 名环保市民作为评审团成员	

整体部署，努力建立和完善体现生态文明要求的考核办法和奖惩机制，2013 年 8 月，印发《深圳市生态文明建设考核制度(试行)》(深办发〔2013〕8 号)，把已经开展了 6 年的环保实绩考核"升级"为生态文明建设考核，为建设"美丽深圳"提供坚强组织保障和制度支撑。这一时期，生态文明建设考核历年主要变化如表 3.2 所示。重点对考核指标内容、考核方式和结果运用不断调整优化。

1. 考核内容全面与重点相结合

重点突出生态文明建设大体系建设的新要求。党的十八大首次将生态文明建设摆在五位一体的战略高度来论述，明确提出了优化国土空间开发格局、全面促进资源节约、加大自然生态系统和环境保护力度、加强生态文明制度建设等要求。考核内容的修订，充分体现了生态文明建设的新内涵。2013 年考核方案中，首次将"优化生态空间"纳入了考核一级指标，整个指标体系的一级指标与十八大生态文明建设专章中的四大任务一一对应。在具体考核指标方面，重点落实深圳市委市政府《关于推进生态文明、建设美丽深圳的决定》的重要任务，各区考核指标逐步新增了 $PM_{2.5}$、饮用水源保护、生态文明制度建设、土壤环境保护、海绵城市建设、扬尘污染管控等重要指标。市直部门考核内容和重点企业考核内容新增"落实生态文明决定情况"一级指标，将污染防治攻坚战、海绵城市、土壤环境防治、资金保障等年度目标、任务纳入市直部门和重点企业考核内容，例如增加 15 个部门海绵城市建设工作领导小组职责履行情况；紧密结合供给侧改革和创新驱动发展需求，注重对战略性新兴产业、高技术产业和现代服务业培育、绿色低碳港口建设、生态环保创新载体建设与创新、淘汰低端企业等考核。结合"无废城市"创建工作，加强对市生态环境局、市交通运输局、市城管局、能源集团、盐田港、招商港务、赤湾港航、蛇口集装箱码头等市直部门和重点企业的固体废物管理工作。考核指标内容全面体现了绿色发展、循环发展、低碳发展的新形势和新要求(表 3.2)。

以落实上级考核任务为重要导向。全面对接广东省环境保护责任考核，大气、水环境等省考核点位全部纳入，新增地下水考核内容，注重考核方式以及考核标准的全面对接。《广东省绿色发展指标体系》和《广东省生态文明建设考核目标体系》印发后，及时新增了耕地保有量、森林覆盖率、森林蓄积量、森林资源发展、湿地保护、矿山地质环境恢复和地面坍塌防治等多项考核内容，并重点考核市规划与自然资源局、市生态环境局、市水务局上级考核指标完成情况。根据文明城市建设要求，将罗田等水库水质考核目标提升为执行地表水Ⅱ类标准。

重点考核生态文明建设短板内容。覆盖落实中央环保督察反馈意见整改工作方案内容，新增黑臭水体改善、治水提质专项工作小组职责履行情况、功能区噪声达标及改善、生活垃圾分类与减量、雨污分流成效指标，增加饮用水水源一级保护区违法建筑拆除处置工作等内容。根据市民环保信访投诉量较大问题，重点企业统一新增"扎实推进企业环境信息公开工作，主动处理好企业与群众关系，积极开

表 3.2 历年生态文明建设考核主要变化情况

年度	考核程序	考核对象	考核内容	考核方式	结果运用
2013	明确考核结果复核条款，进一步规范考核流程等环节要求		各区一级指标与十八大生态文明建设专章中的四大任务一一对应，新增 $PM_{2.5}$、饮用水源保护、生态文明制度建设、地质灾害和危险边坡防治、水土流失治理等指标内容	考核环境质量现状也考核改善情况；将公众满意率用于修正考核指标得分	进一步严格了优秀和进步奖的评定条件和数量；增加了三种不合格的情形，并突出群众满意度约束作用；增加了黄牌警告内容
2014		将市直部门划分为 A 类和 B 类	各区考核内容新增内涝治理、建筑废弃物减排与综合利用等内容，市直部门考核内容和重点企业新增“落实生态文明决定情况”指标	加大“空气质量达标状况”考核权重	
2015	进一步规范指标数据报送工作、数据复核相关工作要求		新增“规范行政处罚”“加大执法力度”等内容	$PM_{2.5}$ 考核调整为目标完成情况考核；为消除上游来水对下游水质改善情况的影响，增设调节指标	
2016			增加黑臭水体改善、功能区噪声达标及改善、生活垃圾分类与减量、治水提质专项工作小组职责履行情况等考核内容	每个区设定一个特色指标，大幅度增加河流及近岸海域考核权重	
2017		新增市教育局和市文体旅游局	覆盖落实督察反馈意见整改要求；各区新增海绵城市建设指标；市直部门中新增海绵城市建设工作领导小组职责履行情况，重点企业统一强调开展自查、信息公开和主动接受群众监督	各区建立“双指标”体系	重点企业考核结果报送企业上级管理单位

（续表）

年度	考核程序	考核对象	考核内容	考核方式	结果运用
2018			新增耕地保有量、森林覆盖率、森林蓄积量、湿地保护、矿山地质环境恢复和地面坍塌防治、环境质量进步指数等指标，对河流考核断面布点优化	空气质量达标状况调整为目标考核；环境质量计分方式更加严格，加大了节能目标责任考核、最严格水资源管理制度、生活垃圾分类与减量等指标权重	
2019		增加深汕合作区、深高速、市农产品集团	新增了扬尘污染管控、雨污分流成效、森林资源发展、地下水油罐防渗等考核内容，全覆盖1 467条小微黑臭水体整治要求，减少专项考核指标中重复交叉内容		将治污保洁工程等多项指标纳入市政府绩效考核，再次强调对考核排名末位的进行谈话提醒

展环保自查，自觉接受社会公众和新闻媒体监督”考核内容。

2. 考核方式力求科学合理

考核方式坚持考核结果与过程并重，既注重成效又注重过程考核。各区按目标导向和工作导向，分别考核生态文明建设目标评价和生态文明建设工作两大块指标。在目标方面，重点强调是否达到国家、省、市生态文明建设和考核要求，例如 2015 年起，调整 $PM_{2.5}$ 计分方法，以市政府与各区政府签订的《大气污染防治目标责任书》、深圳蓝行动计划中各区年度目标为依据，考核各区 $PM_{2.5}$ 污染目标完成情况。2017 年起，以市区签订的《水污染防治目标责任书》为重要依据，考核水质完成年度目标情况。2018 年，空气质量达标状况调整为空气质量优良状况，将考核现状值调整为以各区 2020 年目标为依据，考核完成情况。加大对成效考核力度，例如突出对水土保持措施落实治理效果、易涝点整治效果、防洪排涝工程实际效果的考核。在工作和过程考核方面，加大对重要工程项目考核力度，提高治污保洁和污染减排考核权重；探索性新增“环境质量进步指数”，考核各区环境质量改善程度，促进考核对象的工作积极性。

突出问题导向和需求导向。依据深圳市在上级考核中的薄弱点和工作重点，加大考核力度。例如，针对蓝天之外期待碧水的需求，近几年大幅提高河流及近岸海域考核权重，加大了生活垃圾分类与减量、节能目标责任考核、最严格水资源管理制度等指标权重。

考核方式严格与激励并举。为全面、充分的反应各区生态文明建设成效水平，提高考核标准。加强对未完成目标任务的扣分力度，对超额完成任务的加分。例如 $PM_{2.5}$ 污染改善，实行分档计分；对地表水环境考核，设置水质恶化扣分项。对超额完成 $PM_{2.5}$、地表水改善目标等指标，进行加分。另外，为了消除上游来水对下游水质改善情况的影响，对跨区河流下游所在区增设一个调节指标。

探索创新考核方式。例如，部分年度考核方案中，将公众满意率用于修正考核指标得分，把公众对辖区政府生态文明建设工作的满意程度与考核得分挂钩，让考核结果更加符合市民的实际感受，督促各项工作更加贴近民生。探索差异化考核，对各区尝试差异性考核，每个区设定一个特色指标。紧密围绕市委市政府年度重点工作，突出不同区域的生态文明建设重点难点工作，例如突出宝安区和光明区河流环境质量改善指标，龙岗区和坪山区生态资源指数考核。

3. 更加注重强化考核与结果运用相结合

2013 年考核方案中进一步严格了优秀和进步奖的评定条件和数量；增加了三种不合格的情形，提高了对考核弄虚作假的惩罚力度，并将群众满意度作为考核是否合格及优秀的重要标准之一。在考核结果运用中增加了黄牌警告。2017 年明确将重点企业考核结果报送企业上级管理单位。2019 年，又将“河流、近岸海域及地下水环境质量”“饮用水源水质达标率”“治污保洁工程”等多项指标纳入市政府

绩效考核。不断强化考核结果应用刚性，推动生态文明建设考核由“软约束”变成“硬杠杆”，从而有效激励各级领导干部推进生态文明建设的积极性和主动性。

4. 大胆探索，不断完善考核制度

原环保实绩考核办法中，没有考核对象对考核结果有异议时的救济条款。为进一步规范此类情况的处理程序，修订后的办法专门增加了考核结果的复核的规定，明确考核结果须反馈给考核对象，考核对象可以在规定时间内提出复核申请。减少重复考核，减少不同专项考核之间重复考核内容，例如进一步整合“推进生态文明建设重点工作”和“治污保洁工程”考核内容，并合并打分程序，减少审核程序，减轻各单位资料报送负担。强调各部门与各区协力配合，形成工作合力，在部分年度考核中，将市生态环境局、市水务局、市城管局其中一项考核得分分别与各区生态环境质量、水环境质量改善、生态资源指标平均得分挂钩。根据工作要求，不断扩展考核对象，新增市教育局、市文体旅游局、深汕合作区、深高速、市农产品集团等单位。并在连续多年对市直部门实行分类考核，依照其职能和在生态文明建设中的具体任务划分为A类和B类，并在考核结果评定中分别评定优秀奖。其中A类是综合部门(委)，例如市发展和改革委员会，B类执行部门(局)，包括市住房和建设局、市水务局等部门。力求科学合理，专题制定河流考核断面布点优化方案。

2007年确立考核制度的总体框架，经过12年的修改和完善，先后补充了现场答辩、现场检查、设置进步奖、对排名最后的单位进行诫勉谈话等机制，建立起了一整套较为健全的考核制度体系；同时着重于考核范围的扩展、考核内容的完善和考核指标的细化，整个考核体系走向全覆盖、系统化和精细化，评审团等亮点制度得到进一步强化。整个考核体系流程清晰、运转良好、执行高效，经受住了历年考核实践的检验，具有较好的可行性。生态文明建设考核制度已经逐渐被打造成为“绿色考核”品牌，在广大干部、群众和媒体中间具有极高的公信力和认可度，社会形象好、影响力大，具有较好的权威性和可接受度。

3.4 主要特征

3.4.1 主要创新

3.4.1.1 理念创新

生态文明建设考核工作一直及时、主动顺应国家省市关于生态文明、生态环境保护以及城市建设等的最新理念，随我国生态文明理念的确立而启动，随深圳“生态立市”“美丽深圳”战略的推进落实而不断完善。2007年深圳在城市发展的关键时刻，以十七大关于生态文明的相关精神和科学发展观为指导，不失时机地出台了

《中共深圳市委深圳市人民政府关于加强环境保护建设生态市的决定》(深发〔2007〕1号),确定"生态立市"战略,全面启动生态市建设。2014年,又出台了《中共深圳市委、深圳市人民政府关于推进生态文明、建设美丽深圳的决定》(深发〔2014〕4号),为美丽深圳建设提出了宏伟的战略目标,也为生态文明建设考核等相关工作和任务的推进和落实提供了切实可行的指导。原市环保局(原人居环境委员会)在牵头打造考核制度的过程中,勇于破解"小环保、大考核"的体制机制困境,以生态文明建设的全局视角,把生态文明建设相关的责任主体全面纳入考核,把生态文明建设的各项任务措施全面纳入考核,把考核结果与党政一把手的提拔和重用挂钩,真正把"大环保理念"落到实处,真正实现了生态文明建设第一考。

3.4.1.2　内容创新

生态文明建设考核工作的考核内容设计重核心、重实绩,可考性强,考核内容始终与国家省市关于生态文明和生态环境保护的最新政策和要求相匹配,始终与全市生态环境保护与建设的总体形势和关键问题相适应,始终与民生发展关注的重点、热点、难点问题相呼应。2007年初创时已经形成了"定量考核与定性考核相结合""综合考核与专项考核相结合"的内容设置机制,在此后历年发展过程中,考核内容创新不断取得新成效。

1. 定量考核与定性考核相结合

设置了定量指标和"生态文明建设工作实绩"这一定性指标,把部分考核内容难以量化,也没有成熟统计渠道采集数据的考核内容纳入该定性指标,使一些无法量化的生态文明建设工作变得可考核,有效保证了考核内容的覆盖面。

2. 综合考核与专项考核相结合

将在实践中已经较为成熟的"治污保洁""污染减排"和"环境执法情况",以及后续逐步新增的"节能目标责任考核情况""实行最严格水资源管理制度工作完成情况""城市生态水土保持成效""绿色建筑""地质灾害防治""生活垃圾分类与减量考核"和"海绵城市建设"等专项考核作为重要考核内容,作为其中一项考核指标,并赋予较高考核分值权重,较好地实现了综合考核与专项考核的有机结合。

3. 统一性与差异化相结合

根据考核对象的不同,考核指标分为各区、市直部门以及重点企业3大类,针对各类别设置3大类考核内容,在各类别内部根据考核对象的不同对考核内容和权重作出相应调整;探索设置差异化考核指标和权重,同时在指标数据来源上坚持多元化,指标考核内容及数据来自多个部门或机构。

4. 延续性与动态化相结合

每年度的考核内容根据党中央、国务院、广东省下达生态文明建设的约束性指标,深圳市推进生态文明建设的重点任务、存在的关键问题,以及广大市民对生态

环境不断提高的新要求，对指标内容和比重做出相应调整，突出市民群众对优美生态环境的获得感；与此同时，“空气质量”“河流水环境”“治污保洁”“污染减排”“生态资源指数”等指标一直得以保留，在确保考核内容全覆盖的同时也极大地保证了考核工作的延续性，与生态文明建设工作需要长期稳定坚持推进的客观规律充分适应。

3.4.1.3 制度创新

1. 创新评审团和现场陈述制度

生态文明建设考核中首创了生态文明建设工作实绩现场陈述环节，由被考核对象面对评审团进行表现陈述，由评审团代表公众对其生态文明建设工作实绩表现打分。在工作实绩现场陈述环节，各考核对象的主要负责人轮流上台陈述，就年度工作计划、重点、亮点工作开展情况及成效、上一年度考核意见落实情况和主要问题分析及下年度工作计划等内容做出展示。各评审团成员在现场认真听取陈述，就被考核对象的生态文明建设工作思路、工作举措、主观努力程度、客观因素和工作成效进行评审，当场打分，在特邀监察员的监督下，数据当场统计亮分。

生态文明建设工作实绩考核评审团组成始终坚持“多领域高标准选取、严格培训、严守承诺”的原则，评审团成员分别由市人大、市政协等多个单位或机构书面推荐产生，体现了专业性与代表性。到2012年起，评审团成员总人数从2007年的35人增加到50人，市民代表比例也从34.3%提升到50%(含环保市民和各区市民代表)，见表3.3。

表3.3 环保实绩考核评审团组成及来源

成 员	来 源	选 择 依 据
人大代表	由市人大城建环资工委推荐	体现人大对环保工作的监督和指导
政协委员	由市政协人资环专委推荐	体现政协对环保工作的监督和指导
特邀监察员	自荐或推荐	全过程监察环保保证公平公正
生态环保领域专家含环保监督员	推荐	专业性强，包括水污染处理专家、大气污染防治专家和环境管理专家
市民代表	推荐	辖区代表市各区环保工作和环境质量改善的最直接感受者对各区环保工作最有发言权
生态环保组织代表或环保市民	自荐或推荐	热爱环保事业，来自生态环保组织代表或各个领域的环保志愿者

2. 创新考核结果应用制度

将生态文明建设考核分数作为各区领导班子考核总分的一部分，作为评价领

导干部政绩、评定年度考核等次和选拔任用的重要依据之一，进一步强化了各级领导干部抓生态文明工作的主动性、自觉性，起到了较好的约束和督促作用。一是考核结果具有最高权威性。考核由市委市政府领导牵头负责，组织部门主持，生态环境职能部门具体操作，考核结果经考核领导小组审议后报市委常委会审定。二是考核结果分为优秀、合格和不合格3类，各类考核结果均有相应的配套奖惩措施，包括表彰奖励、通报批评、黄牌警告、诫勉谈话等，严重的“两年内不予提拔或重用”“调整工作或转任非领导职务”。

3. 创新考核组织工作体系

生态文明建设考核形成了层次分明、运行有效的考核组织工作体系，主要包括3个层级：市委领导负责的领导工作小组、原市人居环境委及各相关市直部门领导组成的领导工作小组办公室以及负责具体考核业务的考核组。严密高效的组织架构各司其职，充分保证了考核制度的权威性、评价打分的专业性以及各方意见的充分表达。

3.4.1.4 机制创新

1. 事前告知与事后督促相结合

市生态文明建设考核领导小组办公室提前将本年度考核的新变化新要求、上年度考核中发现的问题及整改要求下发至各被考核单位，要求各单位加强工作中的薄弱环节，提高工作层次和水平。两次考核期间，市生态文明建设考核办公室对有关工作完成情况进行现场检查，并督促所在区、所属主管部门对相关意见进行落实及整改。

2. 日常核查与年度考核相结合

充分依托污染减排和治污保洁两大平台开展自查和核查工作，全市被考核单位每个季度分别对任务完成情况、存在问题和上阶段问题整改情况进行自查，治污保洁还进行年中考核。年度考核时考核小组和评审团通过审核相关材料、查阅资料、现场检查、实绩分析等形式进行工作核查。

3. 监督与申诉相结合

一是制度创建之初，市监察局作为考核领导小组成员单位，负责监督整个考核过程。二是在治污保洁等专项考核过程中，由市人大、市政协、特邀监察员等组成专家组，对各单位治污保洁工作实施情况进行现场检查，检查中各单位可以及时沟通情况、充分表达意见，反映具体工作实施过程中存在的问题，寻求解决办法。三是考核办将除生态文明建设工作实绩外的其余指标得分于现场陈述会前以书面形式下发至各被考核单位，考核领导小组接受各单位申诉。四是考核结果经考核办审议后上报考核领导小组审核，最后经市委常委会议审定，各被考核单位如对结果有异议可进行申诉。

4. 大考与小考相结合

考核工作分为大考年度和小考年度，其中，大考年度由各被考核单位党政主要负责人进行现场陈述（前几年还需进行答辩），评审团现场打分；小考年度不设现场陈述和答辩，只组织书面视频评审会。大考与小考相结合的模式既能引起各被考核单位党政主要负责人的重视，也有利于他们把更多精力投入到实际工作中去。

5. 专业考核与公开评审相结合

不仅通过设置生态环境质量、污染防治攻坚、资源利用、生态保护修复、绿色生产生活等专业性的指标进行考核，突出生态文明建设工作成效以及各方工作努力程度，而且通过引入评审团对被考核单位进行公开评审这一创新性的制度，从另一个角度来考察各单位对生态文明建设工作的重视程度以及相关的政策落实、资金投入、扶持协调等方方面面的工作力度。

6. 目标考核与工作考核相结合

创设“双排名”制度。过去一些区由于本底较差，尽管作了很大努力，但环境质量很难在短时间内有根本性改变，考核排名长期比较靠后，没有全面反映出这些区干部群众的工作付出。2017 年起，考核领导小组大胆提出对各区探索实施“双指标、双排名”考核，即各区考核指标包括生态文明建设目标评价考核和生态文明建设工作考核两大类。其中，生态文明建设目标评价考核以生态环境质量改善为导向，以落实完成上级考核约束性指标为核心；生态文明建设工作考核以重点任务推进落实为导向，重点考核污染防治攻坚、生态保护修复、绿色生产生活和生态文明建设工作实绩等内容，用于支持和鼓励敢于啃硬骨头、打硬仗的部门和单位，通过考核关注和发现表现突出、能够担当、敢打硬仗、攻坚克难的优秀干部。在市直部门方面，着重强调对深圳蓝行动、水污染防治、海绵城市、土壤环境防治考核的同时，对市规土委、市人居环境委、市水务局、市城管局等部门设置一项考核指标与广东绿色发展评价结果挂钩，很好地体现了目标完成情况和工作成效相结合导向。

3.4.2 主要经验

3.4.2.1 领导重视是根本

生态文明建设从根本上来讲是公益性的，属于社会公共问题，需要用政府手段来加以解决。全市生态文明建设考核就是要充分发挥政府的作用，强力推进对深圳进一步发展所面临生态环境紧约束问题的解决，为创造“深圳质量”做贡献。这项工作就是由市委领导倡议，市委市政府同意，才开展起来的。12 年来，市委市政府领导高度重视，分别担任领导小组正副组长，考核结果由市委常委会讨论研究，每年召开的考核工作任务部署会和被考核单位年度现场陈述会都亲临现场，多次强调要提高考核工作的刚性和权威性，并将其作为全市保留“一票否决”考核事项

的六项考核之一。同时，考核制度明确考核对象为各区、市直部门领导班子和党政正职，党政正职对生态文明建设工作负总责。正是由于各级各部门领导高度重视，亲力亲为，奠定了考核权威性，才从根本上保证了全市生态文明建设考核工作顺利开展，并取得明显的成效。

3.4.2.2 与时俱进是关键

随着人们认识的不断深化、城市的快速发展、社会的日益进步，人民群众对城市生态环境建设的要求也在不断提高，这些都需要生态文明建设、绿色发展工作要坚持改革创新，做到与时俱进。市考核领导小组及办公室每年都在思考全市生态文明建设工作的新情况和新变化，每年都在调整考核对象、考核指标、考核方法、考核程序等，实现指标设置动态化、科学化、精细化，这样才使这项工作始终与城市发展同步，与人民需求变化合拍，做到了常考常新。12 年来，以各区考核指标为例，由设立之初的 8 个增加到了 30 个，涵盖了生态文明建设领域的各方面，不仅包括环境质量、生态资源、环境建设等传统考核指标，也将促进资源节约利用、优化生态空间格局、绿色生产生活等方面的考核指标，如节能、节水、绿色建筑、生态控制线保护、生态破坏修复、生态文明制度落实等纳入考核。

3.4.2.3 可操作性、规范化和公平公正公开是前提

生态文明建设考核的目的是为了推进工作，而可操作性是达到这一目的的前提。无论是奖惩措施的设置、考核方式和程序的设定，还是考核指标及其分值、权重的确立，考核主体的筛选，无一不在可操作性上反复考虑、权衡，才保证了考核中的每一项改进都能够符合实际，能够推进工作。

“没有规矩不成方圆”，规范化与改革创新、与时俱进是相辅相成的，都是考核工作取得成功的重要方面。在 12 年的实践中，市考核工作领导小组及其办公室始终根据生态文明建设考核工作的特点和规律，着力建立健全一整套科学系统的制度和机制，改进管理方式，规范工作行为、工作标准和工作效率，提升工作能力和水平。可以说，规范化建设有力地保证了这项工作顺利开展。

为保证考核结果的公平公正和可比性，考核工作从细处着手，最大限度地减少了主观、人为因素的影响，主要体现在以下几个方面：一是考核方案出台前多次征求被考核单位及指标数据提供单位的意见，使考核指标及权重既最大限度地体现被考核单位的工作开展力度和努力程度，又真实反映部门工作实绩尤其是各区基础条件的差异，力求提出更加客观合理的解决方案；二是注重现场检查，将检查内容、过程及意见制成手册，作为评审工作报告以及现场评分的重要依据；三是评审团现场评审全程公开透明，限定陈述时间，部分年度还设置现场答辩环节，实行现场公开亮分；四是工作报告统一格式、统一汇总印刷，减少“包装”因素对评分的

影响。

3.4.2.4 通力合作是基础

生态文明建设考核工作涉及许多方面和领域，是一项综合性很强的工作。从考核主体来讲，需要参与各方各展所长、通力合作，才能保证工作有序开展。比如，市委组织部发挥了在干部政绩考核中的权威职能部门作用，市生态环境局在环保业务工作考核中承担起主导责任，市发改委、市规划和自然资源局、市水务局、市城管局、市住建局、统计局等部门，在考核过程中都主动发挥出了各自的职责作用。特别是在整个考核过程中，市人大、政协代表、社会团体、社区居民充分展现了他们联系群众广泛、专业功底雄厚、能够直接感受生态文明建设工作成效等优势，在考核中起到重要的不可替代的作用。考核工作得到了人民网、新华网、《中国环境报》、《深圳特区报》等主要媒体和网络媒体的广泛关注和高度评价，部分考核年度，考核现场还设置了媒体采访区域和采访时间，允许媒体对考核组、考核专家团、被考核单位进行随机采访，接受社会各界的广泛监督。正是由于考核工作充分调动起了各方的积极性，协调好了各方的合作关系，才有力地保证了考核工作动力充沛，历久不衰。

3.4.2.5 约束有力是保障

深圳市生态文明建设考核是干部考核评价体系的一项改革，将生态文明建设考核结果纳入市管领导班子考核范畴，将生态文明建设考核分数作为各区领导班子考核总分的一部分。考核成立之初，规定对生态文明建设考核结果不合格的，予以通报批评，进行诫勉谈话，做出公开道歉，不得在当年综合评优创先活动中获得表彰奖励，两年内不予提拔或重用；实行生态文明建设目标任期考核制度，任期内连续两年不合格的，予以调整工作或转任非领导职务。2009 年起对考核结果排名末位且未达到规定分数的单位"一把手"和分管领导，由市委常委、组织部部长进行诫勉谈话；对考核得分在 70 分以下且排名末位的单位进行"黄牌"警告。2011 年起，环保工作实绩考核被纳入了深圳市管领导班子的年度考核指标体系，实行"一票否决"，并作为深圳"五好"班子评比表彰的重要参考，进一步发挥了考核的激励和鞭策作用，也丰富了领导班子评价指标体系。2016 考核方案新增了"考核得分连续两年排名末位由考核办组长对单位主要负责人和分管负责人进行约谈"的要求。2017 年，由市委组织部牵头制定《在查处违法用地和违法建筑工作中开展干部专项考核的工作方案》和《在黑臭水体治理工作中开展干部专项考核的工作方案》，将干部考核与查违、黑臭水体整治专项工作结合。2018 年度规定考核得分在各考核类别中排名末位的，由考核领导小组对该单位予以谈话提醒。将"空气质量优良率""$PM_{2.5}$平均浓度""河流、近岸海域及地下水环境质量""饮用水源水质达标

率”“生态资源指数”“治污保洁工程”“污染减排”7 个指标纳入对各区（新区）2019 年度绩效考核。某年度深圳市各区党政领导班子年度考核中，生态文明建设考核结果占到总分的 10%以上，超出了“经济发展”的指标权重。12 年来，不断加强考核结果应用，考核奖惩动真格，强化了各级领导干部抓生态文明建设工作的主动性、自觉性，起到了较好的约束和督促作用。

4　深圳生态文明建设考核制度体系

4.1　框架体系

4.1.1　总体思路

以十八大、十九大报告中关于推进生态文明建设、强化生态环境保护“党政同责”和“一岗双责”要求、完善经济社会发展考核评价体系等要求为指导，重点从全面促进资源节约、加大自然生态系统和环境保护力度、优化国土空间开发格局、加强生态文明制度和文化建设等方面开展考核。同时，基于深圳市社会经济发展水平、资源环境基础条件、民生幸福关注重点等发展特征，结合深圳市环保工作实绩考核方案以及各有关单位相关文件和规划，建立并完善深圳市生态文明建设工作考核指标体系，一方面反映生态文明的内涵和属性，另一方面通过合理的指标设置推动各考核对象加大工作力度，共建生态文明。

4.1.2　总体要求

4.1.2.1　高层次

开展生态文明建设考核工作，推动绿色低碳发展，事关深圳更长时期、更有质量、更可持续的发展，意义深远。生态文明建设考核要与五位一体总体布局相适应，考核制度要占据较为重要的战略定位，全面树立工作权威。一是考核制度地位高，在整个干部考核体系赋分权重、结果应用中处于重要地位。二是考核机构层级高，由市委市政府和市委组织部门统筹推动，各市直部门主要领导参加，形成全市层面的生态文明建设统一部署。三是考核要求标准高，考核指标中已有国内统一标准的采用国内顶尖标准，暂无国内标准的参照国际一流水平进行设定。

4.1.2.2　新导向

主动顺应当前新形势、新要求，将关于生态文明建设和考核机制建设的最新要求作为制度建设的全新导向。同时根据深圳市生态文明决定和规划的要求，顺应市民群众改善生活环境的期待和诉求，以构建符合生态文明标准和要求的城市发

展空间、经济发展方式、生态环境支撑、生态制度保障和生态社会风尚为目标，推动建设生态文化浓厚，城市格局集约，生态经济高效，生态环境健康，环境经济协调发展，人与自然和谐相处的“美丽深圳”。

4.1.2.3 大协同

将生态文明建设融入政治建设、经济建设、文化建设和社会建设的各方面和全过程，奋力开创深圳绿色低碳发展新局面，必须在全市形成共同推进生态文明建设的大协同模式。一是考核实施的有机协同，在整个考核制度架构下，打造层次清晰、职责明确、配合有序的工作体系和机制，让各考核参与方均能高效发挥自身作用，推动整个考核制度得到有效运行。二是工作推进的有机协同，充分发挥考核的先导与倒逼作用，以考核手段引导、督促和激励各考核对象为完成共同的生态文明建设目标，主动协调、充分沟通、互相配合，打破体制机制障碍，共同推进一些长期以来的重点难点问题得到有效解决。

4.1.2.4 全覆盖

生态文明建设不仅是经济社会持续健康发展的关键保障，也是民意所在、民心所向，作为一项复杂的系统工程，涵盖了生态格局、经济、环境、制度和文化 5 大领域，在各领域中又具体包括一系列具体工作任务，涉及多个责任主体，考核必须尽量实现全覆盖。一是考核对象的全覆盖，将生态文明建设相关的各个行政区、市直部门和国有企业全部纳入考核，充分发挥考核的导向作用，营造出创新争先、比拼绩效的工作氛围。二是考核内容的全覆盖，将生态文明建设的相关任务全部纳入考核，大力促进产业转型升级，推动绿色低碳发展，提升城市民生幸福水平。三是参与机制的全覆盖，让政府、企业和公众都以各种形式参与到考核中来，激发、培育生态环保自觉，构建人人参与和监督生态文明建设的良好氛围。

4.1.3 指导思想

为贯彻党的十八大精神，建立和完善体现生态文明要求的考核办法和奖惩机制，进一步推进深圳市生态文明建设，努力实现有质量的稳定增长、可持续的全面发展，打造“深圳质量”，根据《中共广东省委办公厅、广东省人民政府办公厅关于印发〈广东省环境保护责任考核办法〉的通知》（粤办发〔2012〕44 号）和深圳市委、市政府关于加快推进生态文明建设的决策部署，建立深圳市生态文明建设考核制度。

4.1.4 建设原则

生态文明建设考核遵循实事求是、客观公正、分类指导、突出重点、群众公认的总体原则，同时在具体考核指标设置上遵循以下原则：

4.1.4.1 全面系统和突出重点相结合原则

以十八大以来党和国家关于生态文明建设的最新要求为指引，在指标框架设计、具体指标选取和考核方式设置等方面，必须跳出原环保实绩考核仅仅针对环保工作的局限，充分体现“五位一体”总体布局，全面落实生态文明建设融入“四大建设”各环节和全过程的建设要求，系统涵盖生态格局、生态经济、生态环境、生态制度和生态文化5大领域。同时，既要充分考虑指标的完备性、正确性和关联性，又要充分考虑管理需求和可操作性，筛选出具有代表性的重点指标，避免指标的重叠和简单罗列。

4.1.4.2 充分继承与大胆创新相结合原则

原环保实绩考核的各项指标在多年来的实施过程中，为增强深圳市资源环境承载能力，改善全市生态环境质量起到了较好的推动作用，也经受住了历次考核的检验。因此，在指标选取和设置方面，一方面，要根据生态文明建设的新形势、新要求对原环保实绩考核指标体系中的指标进行仔细筛选，保留一些导向性好、权威性高、科学性足的优质指标；另一方面，也要在充分考虑科学性、可操作性的基础上，主动吸纳国家省市及各市直部门的精华指标和优秀考核方式，对原指标体系及各考核指标进行优化和提升。

4.1.4.3 分类指导与公平公正相结合原则

各考核对象的基本情况、条件和水平各不相同，在全市生态文明建设中承担的任务和职能也各有差异，而最终的考核结果又要将这些考核对象放到一起进行平等的排序。因此，在指标选取和设置方面，一方面，要根据不同的考核对象设置一些差异化的考核指标或考核内容，让考核有的放矢的同时也给被考核对象一个明确的工作改善指引；另一方面，也要充分考虑初步拟定的指标考核方案对于各考核对象是否公平，让最终的考核结果实事求是的体现各考核对象的努力程度和工作进展，以充分调动各方积极性，确保考核结果的权威和公正。

4.1.4.4 客观测算与群众公认相结合原则

2007年以来历年环保实绩考核方案中，均将“公众对环境满意率”作为一项重要指标，也在具体指标考核方面坚持了定量考核逐步替代定性考核的演变趋势；而同时党的群众路线教育实践活动要求建立起“为民务实清廉”的长效机制。因此，在指标选取和设置方面，一方面，要注重指标考核的客观性，以数据为基础，以标准为准绳，尽量减少不必要的人为因素的干扰；另一方面，也要注重将广大市民的切身感受体现在考核中，让考核结果更贴近市民的切身感受，也为各考核对象切实树

立起民生导向的工作模式。

4.2　生态文明建设考核制度

4.2.1　考核对象

4.2.1.1　设计思路

考核对象仍然是“对主要考核领导班子和党政正职进行考核”，同时适用范围在原有基础上增加了“新区”和“重点企业”，从制度层面书面确认了环保实绩考核实际推行的“各区(含新区)、市直部门和重点企业”3大类分类指导的原则。把全市各区政府、市级相关部门以及国有企业都纳入考核体系中来，有利于落实主体责任，形成“环保部门统一监督管理、有关职能部门齐抓共管、社会公众积极参与”的生态文明新机制，改变了过去环保部门一家“单打独斗”的局面。每年度的考核方案可根据制度要求，按照实际情况调整考核对象，不断扩大考核范围。

4.2.1.2　具体内容

考核制度适用于各区(含新区)、市直部门以及重点企业的领导班子和党政正职的生态文明建设考核工作。每年度生态文明建设考核对象均划分为各区(含新区)、市直部门及重点企业3类。

1. 各区(含新区)

主要是深圳市下辖的10个行政区和新区，新区升格为行政区后，考核对象也做相应变更。除福田区、罗湖区、南山区、盐田区、宝安区、龙岗区6个行政区以外，光明新区、坪山新区、龙华新区先后升格为光明区、坪山区、龙华区，大鹏新区尚未升格。

2. 市直部门

主要是涉及生态文明建设的各个市直部门，既包括涉及资源能源节约、产业优化升级、国土空间布局等源头管控的发改、经信、规土部门，也包括涉及项目支持、技术支持、财政支持、标准支持等的发改、科创、财政、市场监管部门，还包括承担具体生态环境保护业务的交通运输、卫生、交警、住建、水务、城管等部门。市前海管理局由于职能限制，无法作为一个行政区进行考核，纳入市直部门考核。

3. 重点企业

主要是涉及生态文明建设的各大国有企业，包括：地铁、机场、港口码头、水务、燃气、巴士等，通过这些企业主动承担社会责任，形成全社会共建生态文明的格局。具体包括：市地铁集团有限公司、市机场(集团)有限公司、市盐田港集团有限

公司、深圳能源集团股份有限公司、市水务（集团）有限公司、市燃气集团股份有限公司、深圳巴士集团股份有限公司，招商港务（深圳）有限公司、深圳赤湾港航股份有限公司、蛇口集装箱码头有限公司、深圳北控创新投资有限公司、深圳市南方水务有限公司等。

4.2.2 考核机构

4.2.2.1 设计思路

大部制改革后，新成立的市人居环境委员会是在市环保局的基础上，整合了其他部门的一些职责，同时归口联系市水务局、市城管局、市气象局，成为全市生态文明建设考核牵头部门。由于生态文明建设考核相对于环保实绩考核，考核的内容更加丰富，涉及面更广，因此，对专家所属领域不再局限于往年的环保专家，可根据考核内容的需要针对性地选择经济、社会、政策和文化领域的相关专家。为保证公平，避免不合理现象出现，明确规定一名专家原则上不得连续三年担任考核组专家。

4.2.2.2 具体内容

市生态文明建设考核领导小组（以下简称“考核领导小组”）负责领导、组织、协调全市生态文明建设考核工作。考核领导小组下设办公室（以下简称“考核办”），负责考核的具体实施工作。考核办设在市人居环境委员会，由市人居环境委员会主任兼任考核办主任。

考核办负责组建考核组。考核组组长由考核办主任兼任，成员由考核领导小组成员单位的工作人员和专家等组成。考核办每年根据业务需要，选取相应领域的专家担任考核组专家，原则上考核组专家聘用期不得连续超过三年。

4.2.3 考核内容

4.2.3.1 设计思路

为使年度考核任务进一步规范化，明确了考核目标和任务每年必须由发布的考核实施方案来确定。根据生态文明建设考核的需要，对考核内容进行适当合并与调整，使之更加清晰，主题更加鲜明，为今后年度考核指标的动态调整提供必要指导。一是新增“优化国土空间开发格局，控制开发强度，调整空间结构，生态控制线保护，地质灾害防治，水土保持、宜居城市建设等相关工作；推动资源节约和循环利用，全过程节约管理，降低能源、水、土地消耗强度，促进生产、流通、消费过程的减量化、再利用和资源化的相关工作；国家、省、市要求的其他考核内容”。二是调

整了“环保责任制”“环境安全要求”等提法。

环保机构和专业人才队伍建设仅仅是生态文明建设的一个基本保障，生态文明的内涵远远不止环境保护，目前的考核内容已涵盖这部分，因此删除了“环境保护机构建设和环境保护专业人才队伍建设情况”及“环境保护处罚及整改情况”。在考核对象中已明确提出“本办法适用于各区(含新区)、市直部门以及重点企业的领导班子和党政正职，采取分类考核、集中汇总评定结果的考核办法。”为避免重复，删除了考核内容中的相应条款。

4.2.3.2 具体内容

考核办每年年初制定年度生态文明建设考核实施方案，明确考核的具体指标和内容，经考核领导小组批准后实施。考核办每年将列入重点考核范围的生态环境建设重大项目、工程等向社会公开，接受全社会的监督。

生态文明建设考核针对各区、市直部门及重点企业等不同类别考核对象分类设置考核内容和具体考核指标。考核内容主要包括：① 建立环境和发展综合决策制度并严格执行，落实生态文明建设责任制、完善社会监督和公众参与机制、建立生态环境安全保障机制和突发环境事件应急机制的情况；② 生态建设和环境保护考核指标、节能减排和治污保洁工程任务的完成情况；③ 环境基础设施建设、污染防治、生态保护、发展循环经济、低碳经济、环境保护监管能力建设等方面的资金投入、资源保障情况和成效；④ 大气环境、水环境、声环境以及生态环境的治理和改善情况，特别是解决民生关注的热点、难点问题的情况和成效；⑤ 优化国土空间开发格局，控制开发强度、调整空间结构，生态控制线保护、地质灾害防治、水土保持、宜居城市建设等相关工作开展情况；⑥ 推动资源节约和循环利用，降低能源、水、土地消耗强度，促进生产、流通、消费全过程的减量化、再利用和资源化等相关工作开展情况；⑦ 国家和省、市规定的其他考核内容。

4.2.4 考核方式

4.2.4.1 设计思路

根据环保工作实绩考核历年工作开展经验，为使考核实施的准备工作更加充分，有效避免形式主义，减少考核对象迎考的工作量，在考核方式上做了大量调整。

一是延长考核时限。年度考核完成时限从“一季度”修改为“4 月底前”，增加了 1 个月时间供考核方组织考核，以及各考核对象做好迎考工作。

二是调整考核模式。生态文明建设考核在环保部门的考核指标以外，还涉及发改、规土等其他单位的考核指标，为使考核指标设计和评分更加科学合理，新增“指标采集”的考核方式，明确各方职责、数据采集要求和工作程序。将原一年 2 次

的自查报告减为一年1次，同时新增考核办对各考核对象的“现场检查和督办指导”，从而减少各考核对象的文件报送任务。对现场评审会所需提交的资料也做出了大幅精简。

三是规范现场评审系列制度。明确提出“年度现场评审制度”，对现场评审会的召开期限、工作内容做出相应规定；明确评审程序，对评审团以及评审团下属专家组的成员分别予以界定，保证评审团成员的构成更加合理、规范、透明。

四是加强民意在考核中的应用。为充分顺应民意调查所具有广泛性和随机性的客观规律，防止过多的条件限制会削弱民意调查的意义和代表性，删除原民意调查对象限制条件。同时，为提高考核结果的完整性和可信度，进一步确立民生发展导向，明确强调了“民意调查结果用于验证及修正指标考核结果”。

4.2.4.2 具体内容

生态文明建设考核每年开展一次，一般于下一年度4月底前完成。考核采取定量和定性相结合的方式进行，主要包括自查、材料审核、指标采集、现场检查、公众满意率调查、现场评审、专家评议等方式。

考核注重工作开展成效和实绩，重点考核日常工作开展情况。考核指标的数据采集主要以平时数据为基础，力求客观、科学、合理。指标数据分别由数据来源单位负责提供，考核办进行计分汇总。

考核对象对当年度生态文明建设目标任务的完成情况、存在问题和上年度问题的整改情况进行自查，一般于下一年度2月底前提交上年度生态文明建设工作实绩报告。考核办全年不定期对考核对象的生态文明建设重点任务或者突出环境问题进行现场检查和督办指导，现场检查与每年的治污保洁工程等日常检查工作同步进行。

考核实行年度现场评审制度（每两年召开一次现场陈述会），组织评审团对生态文明建设工作实绩报告进行集中评审。评审团成员由党代表、人大代表、政协委员、生态环境保护领域专家学者代表、环境保护监督员和市民代表等组成。考核组专家对各被考核单位生态文明建设工作实绩及报告内容进行评议，提出专家意见。专家组原则上应包括经济、社会、生态环境保护、城市规划与建设等领域的专家。

公众满意率是生态文明建设考核的重要标准。公众满意率调查由考核办或者其委托的专业机构，通过电话、发放问卷、入户调查或者网络评议等方式进行。公众满意率调查结果用于验证及修正指标数据考核结果。

考核结果由考核领导小组审议并综合评定。考核结果的评定按照各区、市直部门、重点企业三个类别分别进行。

考核领导小组根据有关考核资料，进行实绩分析、综合评价。重点分析考核对

象的工作思路和重点举措，主观努力程度、客观原因和主要工作成效，综合横向比较和纵向比较结果，全面、客观、公正地对考核对象做出综合评定。考核办负责提供下列考核资料，作为考核领导小组审议及综合评定考核结果的依据：① 年度初步考核结果；② 公众满意率调查结果；③ 考核组评审意见；④ 其他与考核有关的资料。

4.2.5 考核结果与应用

4.2.5.1 设计思路

1. 结果评定

为摒弃排名靠前就算优秀的结果评定方式，并严格以分数来确定，体现考核的硬约束力，在评优条件增加了“原则上考核结果得分不低于 90%”；明确了进步奖“当年度考核结果与上年度相比进步特别明显，排名前进 3 名以上且考核结果为合格的”评定条件，同时在数量上规定“原则上不超过各类别考核对象数量的 15%”。

保证材料的真实性是保证考核结果真实有效的最基本条件；按照以往历年经验如果各区分数已经低于 60%，则说明其在生态文明建设工作方面存在比较大的问题；群众满意是考核的最终目的，如果群众满意不能达到及格水平，应评定为不合格。因此，新增以上 3 个不合格情形。

考核结果评定不合格的情形中，原第四条中的“突出环境问题”和“实质性解决”难以准确界定；第六条“环保工作受到问责”、第八条“违反法规政策，并受到处分或追责”在实际工作中也存在界定不明确的问题，且反映的问题在其他条款中也有所体现，因此将这几条删除。

公众满意度的调查结论受多种因素影响，包括受访人的选择、个人感受的不同以及统计方法等，因此，公众满意度的绝对数值作为硬指标欠妥，而在全市采用同样的方法时，群众满意率低于平均水平则可表明公众对区域的生态文明建设状况的满意程度在全市来说是相对较低的，因此，在不能评定为优秀的情形中，将“民意调查对象群众满意率低于 80%，且位列全市最后一位的”修改为“民意调查结果群众满意率低于全市平均水平的”。同时根据生态文明建设考核实际，将“未能完成年度环境保护重点任务”修改为“未能完成生态文明建设重点任务”。

2. 结果复核

复核程序的建立无疑使考核的公平性和公信力进一步提升，由于生态文明考核是属于市级层面的重要考核，各单位和部门均对此非常重视，允许被考核单位申请复核是非常必要的。本部分内容全部为新增内容。

3. 结果运用

对于已经在原环保实绩考核方案中成功实施，对增强考核的刚性起到了积极作用的两项惩罚措施，在生态文明建设考核制度中予以明确，增加了对考核得分70%以下且排名末位单位的警告处罚；对考核得分排名末位且低于80%单位的主要领导和分管领导进行诫勉谈话。为体现生态文明建设考核工作的重要性，明确提出“市委、市政府对考核结果为优秀等次及获得进步奖的考核对象予以通报表扬”。

4.2.5.2 具体内容

1. 结果评定

考核结果由考核领导小组研究提出意见，报市委常委会审定。被考核单位的党政正职对生态文明建设工作负总责，其生态文明建设考核结果原则上与所在班子的考核结果一致。

考核结果分为优秀、合格和不合格，根据考核结果得分及综合评价情况排序确定。各区、市直部门和重点企业分别排序、分别评定考核结果。

优秀名额为各类别考核对象总数的15%左右，根据综合评价结果排序确定，原则上考核结果得分不低于考核总分的90%。当年度考核结果与上年度相比进步特别明显，排名前进3名以上且考核结果为合格的，评为进步奖。进步奖名额原则上不超过各类别考核对象总数的15%。

有下列情形之一的，当年考核评定为不合格：① 考核材料弄虚作假的；② 年度考核得分低于考核总分60%的；③ 公众满意率低于60%的；④ 未能完成节能减排年度任务的；⑤ 治污保洁工程考核不合格的；⑥ 发生生态环境违法事件并造成严重影响，或者因管理不善造成重大、特大环境污染和生态破坏事故的；⑦ 因环境污染或者生态破坏受到省级以上部门通报批评的；⑧ 被上级挂牌督办的环境污染或者生态破坏问题未在规定期限内解决的。

有下列情形之一的，当年考核不能评定为优秀：① 履行职责不力，未能完成年度生态文明建设重点任务的；② 因环境污染或者生态破坏引发群体性事件的；③ 公众满意率低于全市平均水平的。

2. 结果复核

考核对象如果对依据指标数据采集计算出的得分结果有异议的，应当在接到指标得分结果的七个工作日内向考核办提出复核申请，同时提交相应的证明材料。

考核办应当在接到复核申请后七个工作日内，会同相关指标数据提供单位进行研究核实，作出答复。必要时可提请考核领导小组审定。考核办对复核的答复为最终答复。

3. 结果运用

生态文明建设考核结果将作为评价领导干部政绩、年度考核和选拔任用的重

要依据之一。市委组织部建立领导干部生态文明建设考核工作档案,并将考核结果纳入市管领导班子和市管干部考核内容。

考核结果为不合格的,由考核办予以通报批评;单位主要负责人两年内不予提拔或者重用,并在市内主要媒体上做出公开道歉;连续两年不合格的,对单位主要负责人和分管负责人调整工作岗位或者转任非领导职务。

考核得分在各考核类别中排名末位且低于考核总分70%的,由考核领导小组对单位提出“黄牌”警告。考核得分在各考核类别中排名末位且低于考核总分80%的,由考核领导小组组长对单位主要负责人和分管负责人进行诫勉谈话。

市委、市政府对生态文明建设考核结果为优秀等次及获得进步奖的考核对象予以通报表扬。

对考核结果为不合格、被“黄牌”警告、在考核过程中发现问题较多的单位,由考核办发出整改通知书,责成考核对象限期整改。限期整改完成后,由考核办组织验收,并将验收结果上报考核领导小组。考核对象可根据考核结果和责任分工,追究本单位相关责任部门和责任人的责任。

4.3 配套制度和方案

4.3.1 现场陈述工作方案

基于“科学严格、公平公正”的原则,根据年度考核方案制定年度现场陈述会工作方案,在方案中明确“组织形式”“会议安排”“会议议程”“相关工作”等内容,作为整个现场陈述制度的年度工作指引。

4.3.1.1 组织形式

考核实行年度现场评审制度(每两年召开一次现场陈述会,即为大考年)。如为大考核年度,被考核单位需进行现场陈述,由评审团进行现场评审;如为非大考年度,被考核单位在考核现场播放演示软件即可,由评审团进行现场评审。

4.3.1.2 会议安排

1. 评审团培训会

由考核办在正式现场陈述会前召开,主要参会人员为评审团全体成员、特邀监察员、考核组专家及考核办成员。

2. 现场陈述会

现场陈述会是各被考核单位参加现场陈述考核的会议,主要参会人员为考核领导小组成员、考核办成员、评审团全体成员、所有被考核单位及被邀请参会

单位。

4.3.2 资料审查和专家评分制度

为规范专家组审查评分工作，明确各方工作职责，确保考核的公正、公平，根据年度考核方案，针对各市直部门和重点企业“推进生态文明建设情况”指标，由考核办组织专家进行资料审查和评分。

4.3.2.1 专家组成

专家组共由若干名专家组成，内设组长1名，副组长1名。专家组组长由于利害关系需要回避时，由专家组副组长承担其职责。

专家组的专家选取原则为：“客观中立、专业匹配”，原则上应包含人大代表、政协委员、特邀监察员和考核指标所涉领域具备高级工程师及以上职称、具有丰富专业工作经验的专家。考核组专家名单须提交考核市生态文明建设考核领导小组备案。

4.3.2.2 工作职责

专家组：在考核办组织下，根据考核评分要求和佐证材料实际情况，独立对各项指标进行资料审查和评分。

相关单位(与指标考核内容相关的主管部门)：负责派相关工作人员到专家评审会现场为专家评分提供专业参考意见。

各被考核单位：按照考核内容的要求准备并提交与考核指标相关的佐证材料，并参与现场答疑等工作。

4.3.3 现场检查操作细则

根据市生态文明建设考核领导小组关于加强现场检查工作的要求，特制定年度生态文明建设考核现场检查操作细则如下：

4.3.3.1 现场检查时间

重点工程项目的日常现场检查与治污保洁工程现场检查工作同步进行；其他考核指标涉及的日常检查按照各指标考核内容要求进行；各项工作的年终现场检查安排在考核实施的本年年末或次年年初进行。

4.3.3.2 组织形式

开展现场检查。根据上年度考核意见及当年度主要生态文明建设工作任务及要求，考核办组织专家进行检查。

4.3.3.3 现场检查内容

重点工程项目现场检查内容，结合治污保洁工程任务进展的要求进行检查，其他涉及生态文明建设考核内容的按考核的要求进行现场检查和资料审查。

4.3.3.4 结果应用

参加日常检查及年终检查的专家对现场检查结果进行客观评价，日常检查的结果将作为考核结果的依据；年终检查结果将作为指标评分和生态文明建设工作实绩报告评审的重要参考依据之一。

4.3.4 年度生态文明建设工作实绩报告评审操作细则

4.3.4.1 考核形式

各被考核单位需提交生态文明建设工作实绩报告，考核办组织评审团进行现场评审和打分。

4.3.4.2 评审团的组成

评审团共由50人组成，其中党代表3人，人大代表4人，政协委员4人，生态环保领域专家14人，生态环保组织代表5人，各辖区居民20人(每个区2人，含新区)。

4.3.4.3 评审程序

1）组织成立生态文明建设考核评审团。

2）完成评审团培训。组织评审团统一培训，介绍考核对象生态文明建设考核基本情况，同时与评审团成员签订承诺书，对评审团成员的评审行为和评审时间进行约定。

3）组织评审团对生态文明建设工作实绩报告进行现场评审，聘请专业数据处理公司现场统计并公布分数。

4.3.4.4 评审内容

为提高生态文明建设工作实绩报告的针对性，各被考核单位应结合考核办公布的本年度考核指标和考核任务得分情况，分别按照各区、市直部门及重点企业生态文明建设工作实绩报告评分标准中的内容要求进行阐述。实绩报告评分标准将在正式考核前制定并下发给各考核对象。评审团结合各被考核单位的现场检查和资料审查记录对生态文明建设工作实绩报告进行打分。

5 深圳生态文明建设考核指标体系

5.1 框 架 体 系

5.1.1 各区考核指标框架

2007 年度各区生态文明建设考核指标体系如表 5.1 所示，考核内容重点围绕环保工作需要，重点考核空气质量、河流综合污染指数、财政性环保投资经费支出等 9 项考核指标。此后，逐步将节水工作、绿色建筑建设、绿道建设、宜居社区建设等低碳发展指标纳入考核。

表 5.1 2007 年度各区生态文明建设考核内容

序　号	指　标　性　质	考　核　指　标
1	环保指标及任务完成情况	空气质量优良天数
2		河流平均综合污染指数
3		财政性环保投资经费占财政支出比例
4		生态资源指数
5		公众对环境的满意率
6		环境执法情况
7		污染减排任务完成情况
8		治污保洁工程完成情况
9	环保工作综合情况	环保表现

十八大报告对于建设生态文明提出了“优化国土空间开发格局”“全面促进资源节约”“加大自然生态系统和环境保护力度”以及“加强生态文明制度建设”等四大方面。《深圳市生态文明建设规划(2013—2020)》的指标体系则是在党的十八大之后，充分融合十八大理念以及国家生态文明建设相关目标指标建设的最新要求，并且充分结合深圳实际，将一级指标设定为“生态格局、生态经济、生态环境、生态文化与制度”4 大类。考核内容也需要与时俱进，从重点关注“小环保”逐步扩大“大生态”，指标体系的一级指标设置以规划指标体系为主要指导依据，调整为“保护生态环境、促进资源节约、优化生态空间、落实生态制度”4 大类，相对于原环保

实绩考核指标更加符合十八大后国家、省市关于生态文明建设的新形势新要求；由最初的9项考核指标增加到了19项考核指标。2013年度各区生态文明建设考核指标体系如表5.2所示。

表5.2 2013年度各区生态文明建设考核内容

序号	一级指标	二级指标	三级指标
1	保护生态环境	空气质量	空气质量达标状况
2			$PM_{2.5}$污染改善
3		水环境质量	河流及近岸海域达标及改善
4			饮用水源保护及改善
5		生态资源	生态资源变化状况
6		治污保洁工程	治污保洁工程完成情况
7	促进资源节约	节能降耗	节能目标责任考核情况
8		污染减排	污染减排任务完成情况
9		水资源综合利用	节水综合工作完成情况
10			排水达标单位(小区)创建
11		绿色建筑发展	绿色建筑建设
12	优化生态空间	生态控制线保护	生态控制线内违法开发
13			生态控制线内违法开发整改
14		生态破坏修复	地质灾害和危险边坡防治
15			水土流失治理
16		宜居社区建设	宜居社区建设
17	落实生态制度	生态文明制度建设	制度落实
18			公众生态文明意识
19	生态文明建设工作实绩报告		

2016年12月，中共中央办公厅、国务院办公厅印发了《生态文明建设目标评价考核办法》(厅字〔2016〕45号)，随即国家发改委印发了《绿色发展指标体系》《生态文明建设考核目标体系》(发改环资〔2016〕2635号)。2017年2月，广东省发展改革委征求《广东省生态文明建设目标评价考核实施办法》意见。2017年度起，借鉴国家和广东省目标评价考核指标体系，设置了各区生态文明建设目标评价考核内容，同时加强对于生态文明建设工作过程的考核，探索实施“双排名”指标体系，建立分别侧重“结果目标评价”和“工作”的考核排名制度。其中，生态文明建设目标评价以目标为导向，主要依照国家和广东省制定的《生态文明建设考核目标体系》，主要考核生态环境质量、资源利用、污染减排和公众满意率与公众意识等指

标，与国家广东省考核目标体系保持高度衔接性；建设工作考核内容主要以推进工作任务为导向，结合深圳市生态文明建设重点工作、民生热点，主要考核治污保洁工程、治水提质、资源综合回收利用、绿色建筑建设、生态控制线保护、生态破坏修复、宜居建设和工作实绩等内容。2018 年、2019 年又根据最新形式，进一步优化调整考核指标和考核方式，考核指标由 2013 年度方案中 19 项考核指标增加到了 2019 年度考核方案的 30 项指标。2019 年度各区生态文明建设考核内容如表 5.3、表 5.4 所示。

表 5.3　2019 年度各区生态文明建设考核内容(目标评价考核)

目标类别	序号	子目标名称	指标来源
环境质量	1	空气质量优良率	市生态环境局
	2	$PM_{2.5}$浓度	
	3	河流、近岸海域及地下水环境质量	
	4	饮用水源水质达标率	
	5	功能区声环境质量	
生态保护	6	森林资源保护、湿地保护	市规划和自然资源局
	7	生态资源指数	第三方机构
资源利用	8	耕地保有量	市规划和自然资源局
	9	水资源管理	市水务局
	10	节能目标责任考核	市发展改革委
	11	污染减排考核	市生态环境局
公众参与	12	公众对城市生态环境提升满意率	市统计局
	13	公众生态文明意识	

表 5.4　2019 年度各区生态文明建设考核内容(工作考核)

工作类别	序号	工作指标	指标来源
污染防治攻坚	1	扬尘污染管控	市生态环境局
	2	黑臭水体整治	市水务局
	3	海绵城市建设	
	4	雨污分流成效	
	5	土壤环境保护	市生态环境局
	6	治污保洁工程	
	7	环境质量改善指数	
生态保护修复	8	生态控制线违法建设管控	市规划和自然资源局

（续表）

工作类别	序号	工 作 指 标	指 标 来 源
生态保护修复	9	水土保持目标责任考核	市水务局
	10	裸土地覆绿	第三方机构
	11	森林资源发展	市规划和自然资源局
	12	矿山地质环境修复	
绿色生产生活	13	绿色建筑建设	市住房建设局
	14	建筑废弃物综合利用	
	15	生活垃圾分类与减量	市城管和综合执法局
	16	宜居社区建设	市住房建设局
工作实绩	17	生态文明建设工作实绩	市生态文明建设考核评审团

5.1.2　市直部门考核指标框架

2007年度市直部门生态文明建设考核内容主要包括污染减排任务完成情况、治污保洁工程完成情况和环保表现(即后来调整为生态文明建设工作实绩)等指标,其中环保表现权重最大。探索差异化考核,对原市发改局、市贸工局、市建设局等22家市直部门分为重点考核单位和一般考核单位,另市水务局考核内容还包括城市生活污水集中处理率、城市污水再生利用率指标,原市环保局还需考核空气质量优良天数、集中式饮用水源水质达标率指标,原市财政局负责财政性环保投资经费占财政支出的比例指标完成情况。此后,根据工作实际,在该框架基础上,对考核对象、指标权重进行微调,逐步提高治污保洁工程完成情况和污染减排任务完成情况等“硬工程”指标权重,进一步突出工作重点。

为全面贯彻落实《中共深圳市委、深圳市人民政府关于推进生态文明、建设美丽深圳的决定》(深发〔2014〕4号)要求,2014年考核方案中市直部门考核内容改变了以往“治污保洁”+“污染减排”+“工作实绩报告”模式,新增“落实生态文明决定情况”指标。将考核重点放在了各部门落实市委市政府生态文明决定的工作情况和成效,体现了以推动《中共深圳市委、深圳市人民政府关于推进生态文明、建设美丽深圳的决定》(深发〔2014〕4号)各项部署得到有效落实为中心的考核导向。2016年后,将该项指标更名为“推进生态文明建设重点工作”,进一步强化对“硬”任务的考核,显著加大具体工程任务考核权重。2019年,结合机构改革,从各部门职责来看,很难在以往“决策/执行”部门进行分类,因此,不再划分AB类。2019年市直部门生态文明建设考核框架内容如表5.5所示。

表 5.5　2019 年度市直部门生态文明建设考核内容

序号	部　门	考核指标	指标来源
1	市发展改革委	推进生态文明建设重点工作	市生态文明建设考核组
		治污保洁工程完成情况	
		生态文明建设工作实绩	市生态文明建设考核评审团
2	市教育局	推进生态文明建设重点工作	市生态文明建设考核组
		治污保洁工程完成情况	
		生态文明建设工作实绩	市生态文明建设考核评审团
3	市科技创新委	推进生态文明建设重点工作	市生态文明建设考核组
		治污保洁工程完成情况	
		生态文明建设工作实绩	市生态文明建设考核评审团
4	市工业和信息化局	推进生态文明建设重点工作	市生态文明建设考核组
		治污保洁工程完成情况	
		污染减排任务完成情况	市污染减排考核组
		生态文明建设工作实绩	市生态文明建设考核评审团
5	市财政局	推进生态文明建设重点工作	市生态文明建设考核组
		治污保洁工程完成情况	
		生态文明建设工作实绩	市生态文明建设考核评审团
6	市规划和自然资源局	推进生态文明建设重点工作	市生态文明建设考核组
		治污保洁工程完成情况	
		生态文明建设工作实绩	市生态文明建设考核评审团
7	市生态环境局	推进生态文明建设重点工作	市生态文明建设考核组
		治污保洁工程完成情况	
		污染减排任务完成情况	市污染减排考核组
		生态文明建设工作实绩	市生态文明建设考核评审团
8	市住房建设局	推进生态文明建设重点工作	市生态文明建设考核组
		治污保洁工程完成情况	
		生态文明建设工作实绩	市生态文明建设考核评审团
9	市交通运输局	推进生态文明建设重点工作	市生态文明建设考核组
		治污保洁工程完成情况	
		污染减排任务完成情况	市污染减排考核组
		生态文明建设工作实绩	市生态文明建设考核评审团
10	市水务局	推进生态文明建设重点工作	市生态文明建设考核组

（续表）

序号	部　　门	考 核 指 标	指　标　来　源
10	市水务局	治污保洁工程完成情况	市生态文明建设考核组
		污染减排任务完成情况	市污染减排考核组
		生态文明建设工作实绩	市生态文明建设考核评审团
11	市文化广电旅游体育局	推进生态文明建设重点工作	市生态文明建设考核组
		治污保洁工程完成情况	
		生态文明建设工作实绩	市生态文明建设考核评审团
12	市卫生健康委	推进生态文明建设重点工作	市生态文明建设考核组
		治污保洁工程完成情况	
		生态文明建设工作实绩	市生态文明建设考核评审团
13	市国资委	推进生态文明建设重点工作	市生态文明建设考核组
		治污保洁工程完成情况	以市属国企“治污保洁工程完成情况”“污染减排任务完成情况”平均得分作为该指标得分
		污染减排任务完成情况	
		生态文明建设工作实绩	市生态文明建设考核评审团
14	市市场监管局	推进生态文明建设重点工作	市生态文明建设考核组
		治污保洁工程完成情况	
		污染减排任务完成情况	市污染减排考核组
		生态文明建设工作实绩	市生态文明建设考核评审团
15	市城管和综合执法局	推进生态文明建设重点工作	市生态文明建设考核组
		治污保洁工程完成情况	
		生态文明建设工作实绩	市生态文明建设考核评审团
16	市公安局交通警察局	推进生态文明建设重点工作	市生态文明建设考核组
		治污保洁工程完成情况	
		污染减排任务完成情况	市污染减排考核组
		生态文明建设工作实绩	市生态文明建设考核评审团
17	市前海管理局	推进生态文明建设重点工作	市生态文明建设考核组
		治污保洁工程完成情况	
		污染减排任务完成情况	市污染减排考核组
		生态文明建设工作实绩	市生态文明建设考核评审团
18	市建筑工务署	推进生态文明建设重点工作	市生态文明建设考核组
		治污保洁工程完成情况	
		生态文明建设工作实绩	市生态文明建设考核评审团

5.1.3 重点企业考核指标框架

与市直部门相同，2007年度重点企业生态文明建设考核内容主要包括污染减排任务完成情况、治污保洁工程完成情况和环保表现(即后来调整为生态文明建设工作实绩)3大块指标，当年度仅考核市水务集团和市能源集团。为进一步落实企业生态环境保护主体责任，逐步扩大企业考核对象，到2013年度重点企业考核对象新增到12家。2014年考核方案中，与市直部门考核框架体系一致，新增了“推进生态文明建设重点工作”板块。此后，该考核框架和权重基本稳定，保持了较好的延续性。2019年度重点企业生态文明建设考核框架内容如表5.6所示。

表5.6 2019年度重点企业生态文明建设考核内容

序号	企业	考核指标	指标来源
1	深圳市地铁集团有限公司	推进生态文明建设重点工作	市生态文明建设考核组
		治污保洁工程完成情况	
		生态文明建设工作实绩	市生态文明建设考核评审团
2	深圳市机场(集团)有限公司	推进生态文明建设重点工作	市生态文明建设考核组
		治污保洁工程完成情况	
		生态文明建设工作实绩	市生态文明建设考核评审团
3	深圳市盐田港集团有限公司	推进生态文明建设重点工作	市生态文明建设考核组
		治污保洁工程完成情况	
		生态文明建设工作实绩	市生态文明建设考核评审团
4	深圳能源集团股份有限公司	推进生态文明建设重点工作	市生态文明建设考核组
		治污保洁工程完成情况	
		污染减排任务完成情况	市污染减排考核组
		生态文明建设工作实绩	市生态文明建设考核评审团
5	深圳市水务(集团)有限公司	推进生态文明建设重点工作	市生态文明建设考核组
		治污保洁工程完成情况	
		污染减排任务完成情况	市污染减排考核组
		生态文明建设工作实绩	市生态文明建设考核评审团
6	深圳市燃气集团股份有限公司	推进生态文明建设重点工作	市生态文明建设考核组
		治污保洁工程完成情况	
		生态文明建设工作实绩	市生态文明建设考核评审团
7	深圳巴士集团股份有限公司	推进生态文明建设重点工作	市生态文明建设考核组
		治污保洁工程完成情况	

（续表）

序号	企业	考核指标	指标来源
7	深圳巴士集团股份有限公司	生态文明建设工作实绩	市生态文明建设考核评审团
8	深圳高速公路股份有限公司	推进生态文明建设重点工作	市生态文明建设考核组
		治污保洁工程完成情况	
		生态文明建设工作实绩	市生态文明建设考核评审团
9	深圳市农产品集团股份有限公司	推进生态文明建设重点工作	市生态文明建设考核组
		治污保洁工程完成情况	
		生态文明建设工作实绩	市生态文明建设考核评审团
10	招商港务(深圳)有限公司	推进生态文明建设重点工作	市生态文明建设考核组
		治污保洁工程完成情况	
		生态文明建设工作实绩	市生态文明建设考核评审团
11	深圳赤湾港航股份有限公司	推进生态文明建设重点工作	市生态文明建设考核组
		治污保洁工程完成情况	
		生态文明建设工作实绩	市生态文明建设考核评审团
12	蛇口集装箱码头有限公司	推进生态文明建设重点工作	市生态文明建设考核组
		治污保洁工程完成情况	
		生态文明建设工作实绩	市生态文明建设考核评审团

5.2 各区考核指标

5.2.1 环境质量

5.2.1.1 空气质量优良率

1. 指标设定依据

空气质量优良天数/空气质量优良率是我国大气环境质量监测、预报的主要指标，也是衡量空气环境质量的重要标准。国内外一些大型赛事及活动，如奥运会、世博会、亚运会、大运会等对空气质量的要求均以该指标为依据。国家及各省市的大气环境保护工作，都将空气质量优良天数/空气质量优良率作为建设目标。2003年广东省出台的《广东省环境保护责任制考核试行办法》，明确了空气质量作为考核指标的基本内容。此外，在国家环保模范城市、生态城市、宜居城市等创建活动中均将空气质量优良天数纳入考核内容。2013年，原深圳市人居环境委员会制定

《关于加强大气污染防治工作的重点建议办理方案》，明确提出要逐步提升全市环境空气质量，$PM_{2.5}$年均浓度在国内大中城市率先达到新国标要求。

2007年以来，深圳市大气污染防治工作的形势仍然十分严峻，以细颗粒物、臭氧为特征的复合型大气污染较为突出，严重制约社会经济的可持续发展，威胁人民群众身体健康，大气环境保护工作任重道远，空气质量仍将是生态文明建设考核的重要内容。空气质量优良天数/空气质量优良率指标计算直接，各区均有空气质量自动监测站，监测数据容易获取且客观、准确。因此选择空气质量优良天数/空气质量优良率作为生态文明建设考核指标。

2. 主要变化情况

空气质量优良天数/空气质量优良率一直作为重点考核指标之一。2007～2011年，考核方式保持较好稳定性，采用空气质量优良天数，即指空气污染指数（API）小于或等于100的天数。2012年起，按照国家《环境空气质量指数（AQI）技术规定（试行）》，采用AQI指数，增加细颗粒物（$PM_{2.5}$）、一氧化碳（CO）、臭氧（O_3）。考核标准逐步优化，由采用统一标准到体现差异性，例如2018年起，将直接考核现状值调整为以各区2020年目标为依据，考核完成情况，使得考核更加公正公平。考核点位也不断扩大，由原来的8个点位增加到15个。

3. 2019年度考核内容研究

考核点位15个，以当前现有国控点位为主，市控点位为补充。考核的原始数据均来源于在线监测设备日常监测数据。监测项目为二氧化硫（SO_2）、二氧化氮（NO_2）、可吸入颗粒物（PM_{10}）、细颗粒物（$PM_{2.5}$）、一氧化碳（CO）、臭氧（O_3）。污染物有效日均值、空气质量指数（AQI）的计算方法按照《环境空气质量标准》（GB 3095—2012）、《环境空气质量指数（AQI）技术规定（试行）》（HJ 633—2012）和《环境空气质量评价技术规范（试行）》（HJ 663—2013）执行。

5.2.1.2　$PM_{2.5}$浓度

1. 指标设定依据

随着$PM_{2.5}$污染问题的日益严重，从国家到地方各级政府都大大加强了污染防治力度。2012年2月，国务院同意发布新修订的《环境空气质量标准》（GB 3095—2012），全面部署大气污染综合防治重点工作。为使环境空气质量评价结果更加符合我国的实际状况，更加接近人民群众切身感受，该标准增加了$PM_{2.5}$的监测指标。此后，国家《重点区域大气污染防治"十二五"规划》明确提出"十二五"期间珠三角地区细颗粒物年均浓度下降5%；同时，《广东省珠江三角洲地区大气污染防治"十二五"规划2013年度实施方案》规定到2013年底，珠三角地区细颗粒物年均浓度指标比2010年下降3%和2%。

2013年，深圳市已实现较高的工业化水平，然而随着人口数量的激增，开发

活动的加剧，深圳环境空气质量不断下降，其中一个最明显的现象就是灰霾天气频发。灰霾天是 $PM_{2.5}$ 污染的直接体现，$PM_{2.5}$ 污染不仅影响交通出行和城市景观，更重要的是对人体健康特别是呼吸系统造成严重损害，治理 $PM_{2.5}$ 已经成为深圳市亟待解决的环境问题之一，因此将 $PM_{2.5}$ 作为一项主要内容纳入考核指标。

2. 主要变化情况

“$PM_{2.5}$浓度”于 2013 年第一次纳入考核，考核标准按照是否有改善进行评分。2015 年起，为全力推动全市 $PM_{2.5}$ 污染改善，实现全市 $PM_{2.5}$ 浓度达到年度目标，以市政府与各区政府签订的《大气污染防治目标责任书》或相关规划计划中设定的下降目标为依据，按照改善程度折算计分。采用是否达到目标值的考核方式，使得考核更有依据，同时也考虑到各区差异性，考核结果更加公正公平。为体现严格与激励并举，2018 年起，考核按照超额完成任务可按比例加分，未完成目标实行分档严格扣分。近年来，该指标被赋予了更高的权重，体现深圳市对“深圳蓝”工作的高度重视。

5.2.1.3 河流、近岸海域及地下水环境质量

1. 指标设定依据

根据《地表水环境质量标准》(GB 3838—2002)、《生态县、生态市、生态省评价标准》、《国家环境保护模范城市考核指标体系》，以及国家对环境绩效考核的要求，河流水环境质量控制作为生态文明建设工作及考核的重要内容。深圳是一个水环境污染，特别是河流污染十分严重的城市，2018 年以前全市主要河流断面的水质绝大部分劣于Ⅴ类，因此，改善河流水质成为深圳市及各区生态文明建设工作的重点，时间紧迫，任务艰巨，也是生态文明建设考核的重点内容。

同时，近岸海域也是深圳市地表水的重要组成部分，近岸海域水环境质量不容乐观，特别是西部海域多年来水质劣于国家海水第四类标准。此外，《关于印发〈广东省近岸海域环境监测点位布设方案〉的通知》(粤环〔2003〕218 号)和《广东省环境保护厅关于印发〈广东省环境保护责任考核指标体系操作细则〉》的通知(粤环〔2013〕1 号)也对深圳市的近岸海域水质考核做出了明确规定。为了切实加强近岸海域的水质保护，2013 年起新增近岸海域考核内容。为贯彻落实国家省市水污染防治行动计划中关于地下水污染防治工作的要求，完善地下水环境监测体系和考核制度，2017 年起考核地下水环境质量。

各区河流、近岸海域及地下水监测点位以当前国控、省控、市控点位为主。

2. 主要变化情况

“河流平均综合污染指数”或“河流、近岸海域及地下水环境质量”一直作为重点考核指标之一。十余年的实施，主要有以下变化：一是不断探索优化考核方式，

考核更加有理有据和公平公正。2007～2010年，考核方式按照平均综合污染指数改善比例折算计分。2011年起，河流平均综合污染指数调整为河流水环境质量，既考核达标又考核改善，其中达标率依据《地表水环境质量标准》(GB 3838—2002)，按照达标比例进行计分，改善选取相应指标体系考核改善情况。2017年起，为完成《深圳市水污染防治目标责任书》，深入推进水污染防治工作，确保实现2020年水环境质量阶段性改善目标，考核方式以市区签订的《水污染防治目标责任书》为依据，考核年度完成情况。为了消除上游来水对下游水质改善情况的影响，增设调节指标。二是赋予了更高分值，考核标准更加严格。近年来，深圳市出台了《深圳市治水提质工作计划(2015—2020年)》《深圳市贯彻国务院水污染防治行动计划实施治水提质的行动方案》《深圳市治水提质指挥部办公室关于加快全市黑臭水体治理的通知》等一系列重要政策文件，针对蓝天之外期待碧水的需求，近年来河流及近岸海域考核权重总体呈现逐年增加趋势，最高达到25分；考核要求更高，水质达标及改善需要达到具体目标或者改善幅度才能得满分，按照“只能变好、不能变差”原则，设置恶化扣分指标，针对茅洲河水质较差问题，加大宝安和光明“河流环境质量改善”考核权重。三是优化考核断面，逐步补充扩展考核内容。定期研究调整考核断面，根据工作需要和各区实际情况，2013年度考核方案调整考核断面，由最初的12个大幅增加到51个断面。2017年考核方案中，依照市区签订的《水污染防治目标责任书》涉及断面，新增考核断面。2018年，开展专题研究考核断面布点优化方案，将国控、省控考核断面，主要跨界河流、重要入海河流以及重要流域全部纳入考核，考核断面增加至75。结果工作需求和上级考核任务，2013年起将近岸海域水质纳入考核，2017年新增对地下水达标情况进行考核，2019年起增加地下水油罐防渗考核内容。通过以上调整，使得考核内容和结果能更客观反映各区水污染改善情况和努力程度。

5.2.1.4 饮用水源水质达标率

1. 指标设定依据

饮用水源是水环境质量保护的重中之重，因此，单列指标进行考核。具体参与考核的水库，一是《广东省环境保护厅关于印发〈广东省环境保护责任考核指标体系操作细则〉》的通知(粤环〔2013〕1号)中明确要考核的属于深圳市的饮用水源地，二是根据《深圳市人民政府关于调整深圳市生活饮用水地表水源保护区的通知》(深府〔2006〕227号)等要求，将全市的饮用水源水库纳入考核。

2. 主要变化情况

“饮用水源保护及改善”于2013年第一次纳入考核。主要变化体现在考核标准和方式更加严格。2013年度考核方案中，主要考核饮用水源水库入库支流水质改善、一级和二级水源保护区内养猪场清退和一级水源保护区内工业排污口关闭

三个方面，2014 年起，对部分集中式饮用水源地考核水质达标率，2019 年，跨行政区水库也纳入考核，压实属地水源水质管理职责。从严考核，2018 年起，对未达标水库，降低得分系数，并对每个不达标水库另行扣分，加大不合格支流扣分力度。2019 年，参照国家文明城市考核要求，对罗田等水库水质目标提升为地表水Ⅱ类标准进行考核。

5.2.1.5 声环境质量

1. 指标设定依据

2011 年以来，虽然深圳持续推进噪声污染防治工作，修订颁布了特区噪声污染防治条例，绘制了全市范围内的噪声地图，实施交通噪声智力工程，大力整治机动车非法鸣笛等措施，但噪声扰民一直是深圳市市民环境投诉的热点。2011～2016 年，深圳市各类声环境功能区的达标率多呈下降趋势，其中夜间达标率普遍较低。2011 年以来，噪声污染一直是深圳群众环境信访投诉的热点问题之一。2016 年，全市环境噪声污染投诉数量(不包括交通噪声投诉)超过 4 万宗，占全年所有环境信访投诉案件的 60%以上。因此迫切需要进行考核，加强各区对噪声环境的改善。

2. 主要变化情况

“声环境质量”于 2016 年第一次纳入考核。主要变化有：一是适当提高权重，近年来噪声投诉数量不断上升，是全市环境信访重点难点，提高权重促使各区更加重视噪声污染防治。二是适当调整考核点位，提高监测频次。经过两年运行，由于 1 类区受虫鸣鸟叫自然因素影响较大，2018 年起暂不考核 1 类区；为更客观有效反映各区功能区声环境状况，将监测频次提高到每月监测一次。

5.2.2 生态保护

5.2.2.1 森林资源保护、湿地保护

1. 指标设定依据

《绿色发展指标体系》《生态文明建设考核目标体系》《广东省绿色发展指标体系》和《广东省生态文明建设考核目标体系》中，森林覆盖率、森林蓄积量、湿地保护率在绿色发展指标体系权重为 7.33 分，在考核目标体系中 12 分，且森林覆盖率、森林蓄积量作为约束性指标。2017 年以前，上述 3 项指标均未纳入深圳市生态文明建设考核。通过分析，2016 年深圳森林覆盖率为 40.5%，低于全省平均水平，排名靠后；2016 年深圳市森林蓄积量将近 380 万立方米，同样在全省排名垫底；2016 年深圳市湿地面积和湿地保护率也低于全省平均水平，排名较靠后。通过初步分析，该 3 项指标能否完成或超额完成 2020 年考核目标具有一

定不确定性。3项指标具有较好工作基础，纳入生态文明建设考核可行性较高。鉴于此，2018年起将3项具体内容整合为“森林资源保护、湿地保护”纳入考核，并赋予较高权重。

2. 主要变化情况

2019年考核方案中对考核权重进行微调，其他内容并未调整。

5.2.2.2 生态资源指数

1. 指标设定依据

生态资源是反映各区生态资源保护与节约的指标，具体考核指标为生态资源变化状况。为了切实督促各级政府保护生态资源，需定期对深圳各区生态质量状况进行定量评估。根据《深圳市生态资源测算技术规范(试行)》(深环〔2009〕98号)确立生态文明建设考核中的生态资源状况指数概念、含义及计算方法确立生态资源指标，反映各区生态资源保护情况。生态资源状况指数较为科学，基础数据来自遥感解译数据和环境统计报告，具有较好的操作性，能定量考核生态保护建设的成效。

2. 主要变化情况

2008年度，在全国率先创造性地运用生态资源测算，科学地评价全市和各行政区的生态资源状况。摸索调整考核方式。根据存在问题和工作形势要求，适时调整考核方式和标准。例如有设置改善程度5%的目标进行计分，有改善即可得满分但恶化相应扣分等计分方法，激励各区工作积极性。突出工作重点，调整考核权重方面。探索差异化考核，2016年考核方案中，考虑到龙岗和坪山作为东部战略发展极，在社会经济快速发展过程中，生态林建设和裸露土地覆盖面临较大压力，为加强生态资源建设，将该指标作为两个区特色指标，提高考核权重。2018～2019年考核方案中，考虑到盐田区、大鹏新区河流水环境质量较好，考核任务相对较轻，因此将河流2分权重调整到生态资源指数，更加符合两个区工作特点。

5.2.3 资源利用

5.2.3.1 耕地保有量

1. 指标设定依据

“耕地保有量”指标是《广东省绿色发展指标体系》评价指标，也是《广东省生态文明建设考核目标体系》重要考核指标，考核权重4分。为推动完成或超额完成任务，2018年度考核方案新增该指标。由于深圳市已开展年度耕地保护目标责任专项考核，因此直接采用专项考核结果进行折算，减少重复考核。

2. 主要变化情况

2018年后无调整。

5.2.3.2 水资源管理

1. 指标设定依据

深圳的人均水资源量不到全国平均水平的1/10;也远低于国际公认的水资源拥有量用水紧张线1 700立方米、贫水警戒线1 000立方米和严重缺水线500立方米,与国际规定的人类生存最低标准线300立方米基本持平,属于水资源严重匮乏的城市,因此促进水资源综合利用,节约用水对于深圳市来说,迫在眉睫。因此,选取水资源管理或节水综合工作完成情况指标综合反映水资源利用情况。

2. 主要变化情况

2010年,"单位GDP水耗"第一次纳入考核,主要考核单位GDP水耗现状水平和单位GDP水耗变化率。近几年,根据工作部署,不断充实考核内容。2011年,将"单位GDP水耗"调整为"节水综合工作",主要考核重大专项任务、水务能力建设、水资源管理、河道管理4项内容。2014年,又做了较大调整,将名称调整为实行最严格水资源管理制度工作完成情况,具体考核内容调整为用水总量控制、用水效率控制、水功能区限制纳污3项控制指标和用水总量管理、用水效率管理、水资源保护管理3项工作测评内容。2015年后,考核内容主要参照《深圳市"十三五"实行最严格水资源管理制度考核工作实施方案》,进一步细化考核内容,主要包括用水总量控制、用水效率控制、水功能区限制纳污3项"指标考核",包括用水总量控制、用水效率控制、水功能区限制纳污、水资源管理责任和考核、编写自查报告、加分项6项工作测评内容。鉴于"万元GDP用水量下降""用水总量""重要江河湖泊水功能区水质达标率"作为《广东省绿色发展指标体系》和《广东省生态文明建设考核目标体系》重要评价考核指标,因此,2018年起,不断加大考核权重,注重承接上级考核内容。

5.2.3.3 节能目标责任考核

1. 指标设定依据

2009年12月,中国政府在哥本哈根全球气候变化大会上承诺,到2020年全国单位GDP的CO_2排放量较2005年下降40%～45%,为节能减排提出了更高的要求。节能降耗是我国贯彻落实科学发展观、构建"环境友好型、资源节约型社会"的重大举措,也是维持经济可持续发展的一项重要任务。为了响应国家号召,深圳市成立了节能减排办公室,其职责是根据市政府和区政府签订的年度节能目标责任书,对各责任单位节能工作的专项考核。在生态市、宜居城市评价标准、国家环境

保护模范城市以及国家对环境绩效等各方面的考核都涉及节能指标。开展节能目标责任考核，是建设生态文明的重要举措。

为进一步推进深圳市节能工作，根据《国务院关于印发“十二五”节能减排综合性工作方案的通知》《国务院批转节能减排统计监测及考核实施方案和办法的通知》和《广东省“十二五”单位 GDP 能耗考核体系实施方案》，深圳市出台了“十二五”单位 GDP 能耗考核体系实施方案，健全节能目标责任评价、考核和奖惩制度，把落实五年目标与完成年度目标相结合，把定量考核与进度跟踪相结合，强化政府责任，充分发挥节能考核的引导作用，推动形成加快转变经济发展方式的倒逼机制。市政府四届一三七次常务会也明确提出将单位 GDP 能耗纳入环保实绩考核。因此，结合深圳市节能减排办公室单位的 GDP 能耗专项考核，2010 年设立单位 GDP 能耗考核完成情况指标。

2. 主要变化情况

2010 年起，第一次纳入考核，并一直赋予较高权重。该指标考核内容也较为稳定，主要依据《深圳市“十二五”单位 GDP 能耗考核体系实施方案》《深圳市“十三五”能源消耗强度和总量“双控”目标分解方案》《各年度区级政府节能目标责任评价考核指标及评分标准》进行微调，主要考核能耗总量和强度“双控”目标评价和节能措施评价，其中能耗总量和强度“双控”目标主要包括年度能和强度降低目标、能耗强度降低目标进度、能耗总量控制目标进度 3 项考核内容，节能措施评价指标包括目标责任、结构调整、重点工程、支持政策、监督检查、节能管理与服务等多项内容。

5.2.3.4 污染减排考核

1. 指标设定依据

污染减排是调整经济结构、转变发展方式、改善民生的重要抓手，是改善生态环境质量、解决区域性生态环境问题的重要手段。从国家省市自上而下出台了一系列节能减排综合工作方案、主要污染物排放总量控制计划、节能减排综合实施方案等政策文件并将其作为对下考核的约束性指标。为完成上级考核要求，强有力推进各项减排任务完成，有必要将“污染减排”纳入生态文明建设考核。

2. 主要变化情况

2007 年就开始纳入该指标，并一直赋予较高权重。考虑到“化学需氧量排放总量减少”“氨氮排放总量减少”“二氧化硫排放总量减少”“氮氧化物排放总量减少”4 项减排任务是《广东省生态文明建设考核目标体系》约束性考核指标，同时 4 项减排任务具有较大可行性能超额完成任务，在上级考核时可以超额加分，因此，2017 起，进一步提高其考核权重。考核指标数据直接采用深圳市污染减排专项考核结果，

具体考核内容包括年度总量控制目标完成情况(实际排放量小于年度总量控制目标可加分),减排统计、监测、考核体系建设和运行情况,减排措施落实情况。

5.2.4 公众参与

5.2.4.1 公众对城市生态环境提升满意率

1. 指标设定依据

生态环境是人们生存和发展的基础,与每个人的切身利益息息相关。生态文明建设考核应该引导各级政府将追求政绩与人民群众对美好生态环境产品需要联系起来,着力改善生态环境,切实提高人民群众的获得感和满足感。公众对城市生态环境提升满意率是衡量政府在生态环境综合整治和保护能力和成效的一个重要指标。该指标是从市民的视角出发,对城市环境的相关重要表象要素的改进方面、当地政府职责所在的工作改进方面给予客观的评价。深圳市生态文明建设考核通过问卷调查(入户调查),客观、真实地反映各区政府(新区)辖区内居民对其所居住或工作区域内公众对城市生态环境改善状况的感受和评价,最终形成对各区政府(新区)的公众满意评价得分表,进而对各区(新区)加强生态文明建设工作提供指导。为最大限度地保证调查方式的随机性和调查结果的公平公正,调查工作由市统计局组织实施,委托第三方进行调查,市统计局对整个调查过程进行管理和质量监控,保证了数据的客观公正。

2. 主要变化情况

“公众对环境的满意率”是 2007 年度考核方案第一批重要考核指标之一。12 年来,尽管指标变化比较大,增加了很多新的考核内容,也增加了很多新的考核项目,但公众对环境满意率所占的比重除个别年份,大部分年份均保持在 10 分以上,体现了对该项指标的高度重视。探索该指标结果应用,2013～2016 年将该指标设定为“公众满意率修正”,即对其他指标得分总和进行修正。

5.2.4.2 公众生态文明意识

1. 指标设定依据

公众生态文明意识是政府生态文明工作制度的成效体现,公众生态意识的培育是整个生态文明建设中实践环节的关键所在。政府在公众生态意识培育中应该发挥主导作用。政府要以生态文明建设为导向,通过“引领绿色低碳的生产生活方式,健全生态环境保护的法律法规,建立体现生态理念的政绩考核体系,探索建立生态补偿机制,发挥宣传文化部门、现代传媒、教育组织及环保公益组织等的作用,完善公众监督机制”等手段,培育公众的生态意识。因此,设置该指标,考核各区政府(新区)在公众生态文明意识培育方面的工作情况。

2. 主要变化情况

“公众生态文明意识”是2012年第一次纳入考核，和“公众对城市生态环境提升满意率”同步开展，主要是从市民的视角出发，对公众生态文明意识的相关重要因素的改进方面、当地政府在引导居民构建或提升生态文明意识水平所做工作的成效方面给予评价。调查方式方面，与“公众对城市生态环境提升满意率”变化相同。问卷调查内容保持较好稳定性，主要包括以下几个方面：① 公众对所在辖区政府生态文明意识提升宣传工作的评价情况；② 公众对所在辖区政府组织环保公益活动的评价情况；③ 公众对其居住周边居民环保意识水平提升的评价情况；④ 公众对其居住周边商家环保意识水平提升的评价情况；⑤ 公众对其投诉或反映环境污染的积极性评价。

5.2.5 污染防治攻坚

5.2.5.1 扬尘污染管控

2010年之后，深圳市大气污染治理力度大幅度提高，尤其2013年颁布实施《深圳市大气环境质量提升计划》后，污染治理达到前所未有的广度和强度，大气质量得到显著改善。扬尘源是深圳市首要的PM_{10}和$PM_{2.5}$排放源，随着机动车排放标准和油品标准的提高，机动车的影响有所降低，扬尘的贡献则越来越突出。扬尘占比较高的原因主要是由于近年深圳基础设施建设、旧城改造和新区开发提速，施工工地较多，且部分抑尘措施并未能落实到位。施工工地的扬尘污染对空气质量的影响不容忽视。根据《广东省建设工程施工扬尘污染防治管理办法（试行）》和《深圳市扬尘污染防治管理办法》要求，设置该指标，评价辖区扬尘污染管控措施落实状况。

5.2.5.2 黑臭水体整治

1. 指标设定依据

近年来，国家、省、市大力推进黑臭水体治理，国家“水十条”还要求计划单列市建成区于2017年底前基本消除黑臭水体。按照住建部《黑臭水体整治工作指南》调查，深圳市黑臭河流共133条，其中建成区黑臭水体36条。2016年，深圳市先后出台了《深圳市治水提质指挥部关于加快全市黑臭水体治理的通知》（深治水指〔2016〕1号）、《深圳市治水提质指挥部关于下达建成区黑臭水体治理任务的通知》（深治水指〔2016〕2号）等多项黑臭水体整治文件，要求各区（新区）按照整治目标要求组织实施，倒排工期，分区域、分年度实施，2017年底前建成区基本消除黑臭水体；要求原市人居环境委员会加强黑臭河流监测，将建成区36条黑臭河流水质监测数据纳入水质通报机制，一月一报，并评估整治效果。为推动各区按时按质

按量完成任务，新增该项指标。其中，盐田区无黑臭水体治理任务，不进行考核。根据市政府与各责任单位签订的《治水提质工作目标责任书》及《深圳市治水提质指挥部关于下达建成区黑臭水体治理任务的通知》，确定黑臭水体考核对象。

2. 主要变化情况

2016年，该项指标第一次纳入考核，并赋予较高权重，并一直延续至2019年度。考核内容全覆盖当年度工作要求。2016年度按当年度目标，对每个区只考核1条黑臭水体。2017年度全覆盖建成区需完成黑臭水体治理任务断面。2018年度，依据年度工作任务更新考核任务确定了各区黑臭水体整治任务。2019年度，将深圳市纳入国家考核的黑臭水体共150条(159个)以及共发现小微黑臭水体1467个全部纳入考核。

考核方式方面，2016年度第一次考核时，主要选取《住房城乡建设部环境保护部关于印发城市黑臭水体整治工作指南的通知》(建城〔2015〕130号)表2城市黑臭水体污染程度分级标准中透明度、溶解氧、氧化还原电位、氨氮等4项特征指标评价黑臭水体改善情况。2017年度后，主要参照住建部、生态环境部考核要求，包括公众调查评议材料(满意度≥90%)、主体工程竣工验收证明材料及相关影像资料、黑臭水体整治效果自查报告、专业机构检测报告等内容。

5.2.5.3 海绵城市建设

1. 指标设定依据

国家高度重视海绵城市建设，2015年7月，住建部发布《海绵城市建设绩效评价与考核办法(试行)》(建办城函〔2015〕635号)等文件，明确提出由住房城乡建设部负责指导和监督各地海绵城市建设工作，并对海绵城市建设绩效评价与考核情况进行抽查。先后开展多批国家级试点，给予资金、政策上的支持，在全国开始广泛推广实践。2016年4月，深圳入选国家海绵城市建设试点。深圳市政府成立了海绵城市建设工作领导小组，发布《深圳市推进海绵城市建设工作实施方案》，全面启动海绵城市建设工作。为严格按照国家、省、市有关工作部署，充分利用国家试点建设契机，加快推进海绵城市建设，按照市水务局建议设置该指标。

2. 主要变化情况

2017年，该项指标第一次纳入考核。考虑到深圳市作为国家海绵城市试点区域，通过海绵城市建设对防止城市内涝具有重要作用，近两年适当加大该指标考核权重。考核内容方面，3年来保持“年度新增海绵城市面积任务完成情况”和“既有设施海绵专项改造完成情况”2项内容，并依据年度工作任务更新考核任务。

5.2.5.4 雨污分流成效

针对深圳市管网建设滞后，污水收集能力不足，部分污水直接排入水环境，管

网建设管理水平不高，缺乏统筹机制等问题，深圳市水务局，各区（新区）启动实施了一大批污水管网建设及小区正本清源改造项目。为推动“水污染治理决胜年”工作，督促各区落实雨污分流工作，强化污水管网建设绩效考核结果应用，2019 年增加该指标。考核内容包括污水管网建设验收移交情况、小区排水管网清源改造移交运营情况，其中污水管网建设验收移交情况仅针对原特区外各区（新区）。按照市水务局建议新增该指标，并由市水务局组织考核。

5.2.5.5 土壤环境保护

1. 指标设定依据

土壤是经济社会可持续发展的物质基础，关系人民群众身体健康，关系美丽中国建设，保护好土壤环境是推进生态文明建设和维护国家生态安全的重要内容。依据《国务院关于印发土壤污染防治行动计划的通知》（国发〔2016〕31 号）、《深圳市人民政府办公厅关于印发深圳市土壤环境保护和质量提升工作方案的通知》和《深圳市 2017 年度土壤环境保护和质量提升工作计划》（深人环〔2017〕246 号）等文件要求，为全力推动深圳市土壤环境保护和质量提升工作，将该指标纳入生态文明建设考核。

2. 主要变化情况

2017 年，该项指标第一次纳入考核。该指标权重近三年来保持基本稳定。考核内容依据土壤环境保护和质量提升工作计划而更新，从 2017 年侧重制定工作方案、调查任务和重点行业企业用地基础信息调查等内容，到 2018 年签订责任书、完成地块调查评估示范项目、土壤环境质量筛查调查、纳入区级突发环境事件应急预案，再到 2019 年纳入党政领导干部培训、分类管理、纳入城市更新计划和实施土地整备等，紧密结合了土壤环保保护形势要求。

5.2.5.6 治污保洁工程

1. 指标设定依据

2005 年，深圳市治污保洁工程工作正式拉开序幕，已经走过了十余年的历程。经过多年的不懈努力，治污保洁工程已经成为具有深圳特色的生态环境保护综合平台。治污保洁工程以大环保、大结合、大计划的创新理念为指导，以内容创新、管理创新、考核创新为工作主线，建立起完善的治污保洁机制体制，从计划统筹、协调服务、监督考核方面先后建立了十大工作机制、八项工作制度，切实成为建设现代化国际化先进城市、实现“深圳质量”的得力抓手，成为提升城市环境质量、促进生态文明建设的重要载体。

虽然治污保洁工程取得了明显成效，但也要清醒地认识到，深圳市面临的生态环境形势依然严峻，存在问题依然突出，需要破解的难题仍然很多，生态文明建设

方面仍然任重道远,不可懈怠。深圳市委市政府领导也多次强调,要继续优化和完善治污保洁工作机制,一是继续完善责任制,二是继续优化实施机制,三是考核机制要更加严格,精益求精。为进一步加强治污保洁结果应用,设置该指标。

2. 主要变化情况

2007年就开始纳入该指标,并一直赋予最高权重之一,最高时到达24分。考核内容方面,依据深圳市生态文明建设、污染防治攻坚等行动计划按批次下达任务。截至2018年底,治污保洁工程累计下达任务超过3 000项次,涵盖了区域水环境治理工程,饮用水源综合整治工程,大气环境治理工程,噪声环境治理工程,固体废弃物治理工程,生态环境提升工程,产业升级、绿色创建及清洁生产工程,环境管理能力建设工程等。据不完全统计,任务完成率超过95%。

5.2.5.7 环境质量改善指数

1. 指标设定依据

目前,考核方案指标多采用指标现状值与目标值的差距作为考核的唯一判据,只比绝对值,忽视相对值。基础好的地区具备先天优势,而基础相对差的地区往往会望尘莫及,排名相对靠后。为全面、充分地反映各区生态文明建设成效水平,强化考核正向激励,激发各区自觉性、主动性,设置该指标。

2. 主要变化情况

2018年第一次将该指标纳入考核,权重和考核主要内容无调整,考核内容包括空气质量、$PM_{2.5}$、河流近岸海域水质、饮用水水质、声环境进步情况。2019年度考核方案优化调整计分方式,借鉴《广东省生态环境厅关于印发2018年度广东省环境保护责任暨污染防治攻坚战考核实施方案的通知》(粤环〔2018〕73号)计分方法,优化设置相关指标改善目标。

5.2.6 生态保护修复

5.2.6.1 生态控制线违法建设管控

1. 指标设定依据

生态控制线违法建设管控主要考查生态控制线内违法开发情况和整改情况。生态控制线内违法开发查处是指国土资源部土地矿产卫片执法检查发现的违法用地和违法建筑图斑占生态控制线面积,整改情况参照查违共同责任考核情况判定。

基本生态控制线是深圳市生态环境保护的铁线,为防止城市建设无序蔓延危及城市生态系统安全,促进城市建设可持续发展,强化党政领导干部保护生态控制线的意识,促使党政领导干部切实为辖区内的生态环境保护和建设做出成效,根据

《深圳市基本生态控制线管理规定》(深圳市人民政府第145号令),设置该指标,从违法开发查处情况和整改情况两方面进行考核。

2. 主要变化情况

2010年,"生态控制线内违法开发情况"第一次纳入考核,2013年起,新增"生态控制线内违法开发整改"指标。不断优化调整考核权重和方式。2016年考核方案中,根据上年考核结果,部分辖区在管控生态控制线保护考核中失分较多,工作相对薄弱,为有力促进该项工作的推进,加大了该区"生态控制线内违法开发"的考核权重。2017～2018年度考核方案中,以问题为导向,重点围绕中央环保督查反映的饮用水源一级保护区违法建筑拆除处置问题,加大"生态控制线内违法开发整改"考核权重,同时以一票否决的方式,未完成任务该项指标得0分。为使得考核结果分数更具有区分度,将"生态控制线内违法开发"指标由得分方式调整扣分制度。2019年将两项指标整合为"生态控制线违法建设管控"。

3. 2019年度考核内容研究

(1) 生态控制线内违法开发查处

在综合考虑各区违法开发数量和面积的情况下,确立以违法开发面积大小(例如1 000 m^2、3 000 m^2、5 000 m^2、7 000 m^2)为基础,以违法开发数量为扣分依据的分段扣分方法。违法开发行为由市规划和自然资源局认定。

(2) 生态控制线内违法开发整改

生态控制线是生态保护的重中之重,是违法开发的禁区,因此对于违法开发情况必须立即整改,而对于有违法现象发生而没有及时整改的,将进行进一步的处罚,具体整改情况由市规划和自然资源局认定。

5.2.6.2 水土保持目标责任考核

1. 指标设定依据

深圳市的丘陵山地占全市总面积的七成以上。建市初期,大规模的开发建设使城市水土资源一度遭到严重破坏,水土流失不断加剧,带来了一系列生态环境问题,深圳为此曾付出了昂贵的代价,也有过惨痛的教训。2012年,深圳的水土流失面积仍有40多平方千米。为进一步加强监督、提供技术指导、宣扬水保理念,恢复生态,减少水土流失面积,根据《深圳经济特区水土保持条例》和《"水务建设与管理"指标考评标准操作规程》,设置该指标,反映各区政府、新区管委会开展辖区水土保持监督与宣传工作的情况。

2. 主要变化情况

2013年,"水土流失治理"指标第一次纳入考核。此后,根据年度工作任务和水土保持成效,不断优化考核内容。2015年,增加对水土保持能力建设、水土保持宣传和水土保持措施落实治理效果等方面。2016年起,考核主要采取扣分制,以

深圳市开展监督检查、媒体曝光、群众举报等公共信息采集渠道数据为依据，辖区内发现面上水土流失事件，且辖区水行政主管部门未采取责令限期整改、限期治理、查处等措施的，每发现一起进行相应扣分，扣完为止。

5.2.6.3 裸土地覆绿

1. 指标设定依据

为进一步做好对裸露土地的复绿工作，避免二次污染，实施扬尘整治，改善城市景观，优化人居环境，推动各区对裸露土地进行全面复绿。

2. 主要变化情况

2014 年，"裸土地变化"作为独立指标第一次纳入考核。2014～2018 年"裸土地变化"指标考核内容、方式较为稳定，由于无具体任务目标要求，主要按照各地区裸土地变化状况比较计分，改善最大得满分，其他根据比值计分。自纳入考核后，全市裸土地覆绿取得了显著成效，各区需覆绿裸土地快速下降，各区差异性较大，不宜继续采用原有计分方式。2019 年度，整裸土地覆绿指标计分方法，每年设置具体目标，考核目标完成情况。

5.2.6.4 森林资源发展

生态系统功能的发挥很大程度上取决于生态系统的结构。林地等生态价值较高的重要生态资源呈持续下降趋势。同时，森林覆盖率、森林蓄积量是《广东省生态文明建设考核目标体系》约束性考核指标。为进一步完成广东省相关考核要求，根据《深圳市绿化委员会深圳市林业局关于印发深圳市森林质量精准提升工程实施方案的通知》(深绿〔2017〕2 号)，设置该指标。考核内容包括低效林改造、薇甘菊防控和中幼龄林抚育等具体工程任务。

5.2.6.5 矿山地质环境修复

1. 指标设定依据

我国是世界上地质灾害最严重、受威胁人口最多的国家之一，地质条件复杂，构造活动频繁，崩塌、滑坡、泥石流、地面塌陷、地面沉降、地裂缝等灾害隐患多、分布广，且隐蔽性、突发性和破坏性强，防范难度大。为进一步加强地质灾害防治工作，国务院于 2011 年发布了《国务院关于加强地质灾害防治工作的决定》(国发〔2011〕20 号)，其中明确提出坚持属地管理、分级负责，明确地方政府的地质灾害防治主体责任，做到政府组织领导、部门分工协作、全社会共同参与；地方各级人民政府要把地质灾害防治工作列入重要议事日程，纳入政府绩效考核，考核结果作为领导班子和领导干部综合考核评价的重要内容。2012 年，为维护人民生命和财产安全，防治地质灾害(隐患)，避免和减轻地质灾害造成的损失，根据国务院《地质灾害防治条例》和《广东省地质环境管理条例》的规定，深圳市出台了《深圳市地质灾害防治管理办法》(第241号)，指出各区(新区)在辖区地质灾害防治工作中应当建立健全工作责任制，逐级落实地质灾害防治责任。《深圳市2013年地质灾害和危险边坡防治方案》明确了各辖区的地质灾害隐患点和防治重点，据此设置“地质灾害和危险边坡防治”指标，反映辖区在地质灾害防治方面的工作推进和落实情况。

2. 主要变化情况

矿山地质环境修复指标包括地质灾害和危险边坡防治、地面坍塌防治和矿山地质环境恢复和综合治理三项内容。该指标主要侧重年度完成治理情况，依据年度任务调整考核内容。2013年，地质灾害和危险边坡防治指标第一次纳入考核，2017年新增地质灾害防治高标准“十有县”建设等考核内容，2018年起，新增矿山地质环境恢复和综合治理和地面坍塌防治，重点考核废弃石场综合治理完成情况和地面坍塌防治完成治理情况内容。

5.2.7 绿色生产生活

5.2.7.1 绿色建筑建设

1. 指标设定依据

我国的建筑建造和使用过程依然存在能源资源消耗高和利用效率低的问题。2012年，国家财政部与住房和城乡建设部联合发文《关于加快推动我国绿色建筑发展的实施意见》(财建〔2012〕167号)，明确提出大力发展绿色建筑能够最大效率地利用资源和最低限度地影响环境，有效转变城市建设发展模式，缓解城镇化进程中资源环境约束。据估算，深圳建筑能耗占社会总能耗高达1/3，是节能减排工作的重点。因此，早在2010年，深圳市已率先在保障性住房推广绿色建筑标准，率先强制政府投资项目及一定规模的社会项目实施绿色建筑标准，同时，启动了绿色建筑认证，为绿色建筑提供评价体系。

绿色建筑是指在建筑的全寿命周期内，最大限度地节约资源(节能、节地、节水、节材)、保护环境和减少污染，为人们提供健康、适用和高效的使用空间，与自然和谐共生的建筑。考核的绿色建筑为通过国家三星级标识或深圳绿色建筑等级认证的建筑小区或建筑物，装配式建筑是指用预制部品部件在工地装配而成的建筑。

2. 主要变化情况

2012年，“绿色建筑建设”指标第一次纳入考核，主要考核绿色建筑政策制定、宣传考核、绿色建筑认证情况等内容。纳入考核8年中，绿色建筑考核权重变化较小，主要对考核内容和标准进行适时调整。2014年起，采取监督抽查扣分制和获得更高建筑星级奖励制相结合进行打分；2016年起，开始考核装配式建筑内

容，2017 年作为独立考核分项；2017 年起，绿色建筑评价标识中设置 3 种考核方式，可以选择任意其中一项，充分发挥各区工作特点；2018 年起设置项目加分项，鼓励各区多干多得；2019 年新增公共建筑能效提升任务完成情况。

5.2.7.2 建筑废弃物综合利用

1. 指标设定依据

建筑废弃物主要包括在新建、改建、扩建和拆除各类建筑物、构筑物、管网以及装修房屋等施工活动中产生的废弃砖瓦、混凝土块、建筑余土以及其他废弃物。根据统计，2014 年深圳市建筑废弃物产生量约 6 000 万吨。随着深圳城市更新尤其是轨道交通建设的大力发展，建筑废弃物产生量特别是工程弃土量逐年增多。深圳市建筑废弃物的处理方式主要为填埋和综合利用。如果不加以控制，深圳市收纳场、建筑废弃物综合利用厂处理能力将无法满足产生量。按照市住建局要求新增该指标，以推动深圳市建筑废弃物减排与综合利用工作的有效推进。

2. 主要变化情况

2014 年，“建筑废弃物减排与综合利用”指标第一次纳入考核。考核内容按照年度重点工作适当调整，2015 年度考核方案内容由原来的 4 项考核内容（出台政策方案、现场处理建筑废弃物、政府投资工程使用绿色再生建材、社会投资使用绿色再生建材）增加到提交专项报告、宣传推广、提交企业和项目统计数据、落实推进综合利用企业（项目）、政府投资工程使用绿色再生建材、社会投资使用绿色再生建材、预拌混凝土企业使用再生骨料情况等 7 项考核内容。2017 年度新增“房屋拆除、建筑废弃物综合利用及清运一体化备案情况及数据”“年度开展工程弃土综合利用工作”等考核内容，可见主要考核内容随着工作重点和任务要求不断同步进行调整。

5.2.7.3 生活垃圾分类与减量

1. 指标设定依据

2016 年 12 月，习近平总书记主持召开中央财经领导小组第十四次会议时指出：普遍推行垃圾分类制度，关系 13 亿多人生活环境改善，关系垃圾能不能减量化、资源化、无害化处理；要加快建立分类投放、分类收集、分类运输、分类处理的垃圾处理系统，形成以法治为基础，政府推动、全民参与、城乡统筹、因地制宜的垃圾分类制度，努力提高垃圾分类制度覆盖范围。2017 年 3 月，国务院办公厅印发《生活垃圾分类制度实施方案》，要求 46 个垃圾分类示范城市在 2020 年底前先行实施生活垃圾强制分类。2017 年 4 月，中央环保督察广东反馈意见明确要求深圳、广州应率先建立生活垃圾强制分类制度。2017 年 5 月，深圳市印发了《深圳市生活垃圾强制分类工作方案》，深圳市提出要努力构建以垃圾分类为主导的生活垃圾现

代化治理体系，致力于建立可复制、可推广的垃圾分类模式。为贯彻落实生活垃圾分类和减量工作，打造“深圳质量”，根据《深圳市生活垃圾分类和减量管理办法》(深圳市人民政府令 277 号)，增加该项指标，推动各区积极推进生活垃圾分类与减量工作。

2. 主要变化情况

2016 年，“生活垃圾分类与减量”指标第一次纳入考核。该指标主要由市城管局组织对各区(新区)推进生活垃圾分类和减量的日常管理工作及任务进行检查，并按照评分标准所进行的评价，评价内容包括组织保障、宣传教育、分类收运、资源回收、示范创建、限量排放等情况。每年度具体考核任务主要依据深圳市城市管理局印发当年度生活垃圾分类和减量评估指标体系评分细则，按照年度重点工作更新内容。考核权重方面，针对垃圾围城的困境，以及生活垃圾是市民投诉反映的热点，为进一步推动各区积极性，不断加大考核权重。

5.2.7.4 宜居社区建设

1. 指标设定依据

2009 年 7 月，广东省委省政府印发了《关于建设宜居城乡的实施意见》，明确要求在全省开展宜居城乡创建工作。为推动宜居城乡创建工作深入开展，广东省住房和城乡建设厅印发了《广东省创建宜居城乡工作绩效考核办法(试行)》，明确了推进宜居城乡建设的内容、要求和具体措施。从 2010 年起，以两年为一个周期，广东省政府将对 21 个地级以上市创建宜居城乡工作绩效进行考核评价，并在全省排名。宜居社区的创建关系到广大居民群众的切身利益，是宜居城市创建的重要基础。城市居民享有安定的社会秩序和文明的社会氛围，拥有足够的安全感、归属感和认同感，人人安居乐业、公平发展，是建设宜居城乡的长久保障。根据 2010 年中国指数研究院公布的“幸福宜居指数”，社区幸福宜居指数是其中一项重要指数。

党的十八大召开后，宜居社区建设进一步深入人心，成为建设生态文明的重要落脚点。深圳市一直坚持以人为本，以不断改善民生为主线，以开展宜居城市创建为手段，通过推进住有所居、改善人居环境、加强社会管理、完善公共服务设施等措施，提高城市管理水平和效能，努力建设人居环境良好的生态文明城市。为继续推动宜居社区建设工作，根据《深圳市宜居社区建设工作方案》(深府办函〔2012〕49 号)设置该指标。

2. 主要变化情况

2010 年，“宜居社区建设”指标第一次纳入考核。当年度主要考核内容包括成立区级工作机构、制定工作计划、明确年度阶段性目标、安排专项经费、开展宣传活动等组织保障内容和广东省宜居社区申报情况、广东省宜居社区考核达标数量情

况、广东省宜居社区考核达标率情况等宜居社区达标情况。2012～2015年，考核内容依据《深圳市宜居社区建设工作方案》（深府办函〔2012〕49号）所定的阶段目标值，对于原特区内各区（包括福田区、罗湖区、盐田区、南山区），2012～2015年创建目标分别设置为40%、50%、60%、70%；对于原特区外各区（包括龙岗区、宝安区、光明区、坪山区、龙华区、大鹏新区），2012～2015年创建目标分别设置为20%、30%、45%、60%进行考核。2014～2015年，新增对当年宜居社区获评情况（包括当年申报的宜居社区通过比例、当年宜居社区创建比例、宜居社区累计获评比例、回访社区达标情况）进行考核。2016年起，重点强调四星级和五星级宜居社区的考核内容，以推动各区高星级宜居社区建设。

5.2.8　工作实绩

1. 指标设定依据

生态文明建设工作实绩指各区向评审团提交的本辖区本年度的生态文明建设工作实绩报告，计分方法为评审团依据评分细则进行评议打分。生态文明建设考核的指标设置仅反映了深圳市各级政府在生态文明建设工作中的重要方面，并无法完全涵盖各辖区为建设生态文明所做的工作，因此设置生态文明建设工作实绩报告指标，以综合反映各区当年的生态文明建设工作情况。各区的生态文明建设工作实绩报告由考核办组织评审团进行打分。

2. 主要变化情况

2007年，深圳生态文明建设考核探索创新性设置“环保工作报告”，并一直作为最高权重指标之一，一直延续至今，成为深圳市生态文明建设考核制度的一项“招牌”指标。

每年度都根据当年度深圳市生态文明建设重点难点工作调整考核内容，优化考核方式。2007年度主要考核内容包括本年度工作计划、工作开展情况、工作成效及亮点、群众投诉解决和重大事故应急处理、对存在问题的分析和下年工作打算。2008年，大胆探索新增“答辩情况”环节，由被考核单位主要领导现场进行问答，并在2009年、2011年又实施了两年（2013年起，实行两年一“大考”，要求各单位负责人进行现场陈述）。2009年起，新增“考核意见落实情况”内容。2010～2011年，在工作成效中增加对“宜居城市创建任务完成情况”“绿道网建设”等内容的考核。2012年，新增加分项：规定辖区当年获得省级以上生态环保荣誉可以加分。2013年，考核各区建立并运作生态文明建设领导机构和协调机制情况。2013～2014年，结合当年度工作任务，要求各区实施土壤监测，开展城区绿化，推进社区公园建设，开展产业优化升级工作，完成年度重污染企业淘汰目标，推动企业清洁生产审核，实施建筑废弃物综合利用，提高生活污水收集处理率，开展重金属污染综合防治，开展垃圾分类试点工作，实施绿色更新等内容。2014年还增加本届任期工作成效回顾的内容。2015年，新增对危险废物规范化管理、污水处理厂数据传输有效率、贯彻落实新环保法等内容。2016年，新增对生态文明建设示范区创建工作、生态文明制度建设、推行环境污染强制责任保险和污染源信息公开等内容。2017年，新增对雨污分流改造、污染源防治行动、散乱污企业整改、环境风险评估与排查等任务。2018年起，要求每季度召开1次以上专题会议、专题调研，新增对第二次全国污染源普查工作、监测执法机构标准化建设、噪声监督管理等内容。工作实绩的考核，有效推动了各区除量化指标考核以外其他生态文明建设工作的开展，为各区将各项工作落实并引向深入打下了基础，也为相关考核指标设计和优化完善积累了经验。

5.3 市直部门考核指标

5.3.1 主要变化情况

2007～2013年，市直部门生态文明建设工作内容变化较小，主要考核内容包括“治污保洁工程完成情况”“污染减排任务完成情况”和“环保工作报告”。其中，2010～2013年加强了对工程和具体任务的考核，加大了“治污保洁工程完成情况”“污染减排任务完成情况”权重。2014年起，新增“落实生态文明决定情况”（后更名为“推进生态文明建设重点工作”），每年度均需要结合深圳市推进生态文明建设的重点任务、关键问题、民生热点等新形势，各种重要政策文件要求，例如《关于推进生态文明、建设美丽深圳的决定》《深圳市国家可持续发展议程创新示范区建设方案（2017—2020年）》《深圳市打好污染防治攻坚战三年行动方案（2018—2020年）》《深圳市突出环境问题整改工作方案（2017—2020年）》《人居环境保护与建设“十三五”规划》《大气环境质量提升计划（2017—2020年）》《年度“深圳蓝”可持续行动计划》《深圳市贯彻国务院水污染防治行动计划实施治水提质》《年度治水提质大会战大建设》《深圳市土壤环境保护和质量提升工作方案》《深圳市环境基础设施提升改造工作方案（2015—2017年）》和市政府工作报告要求，作为考核依据，不断更新年度重点任务，并且从具体分值分配上引导各部门以这些工作内容为核心，落实责任，加强创新。2016～2017年，创新性提出将原市人居环境委员会、市水务局、市城管局其中一项考核得分分别与各区生态环境质量、水环境质量改善、生态资源指标平均得分挂钩。2016年起，将深圳市治水提质7个专项工作小组职责履行情况全部纳入考核。2017年起，为加快推进海绵城市建设，增加15个部门海绵城市建设工作领导小组职责履行情况作为考核内容。2018年起，考核市规划和自然资源局、市生态环境局、市水务局、市城管局等部门牵头负责的《广东省绿色发展指标体系》年度任务完成情况。

5.3.2 考核指标

“治污保洁工程完成情况”“污染减排任务完成情况”考核内容主要依据深圳市生态文明建设规划、深圳市相关污染防治行动计划、广东省下达约束性目标等下达年度任务;“工作实绩报告”内容变化较小,本章节重点介绍市直部门“推进生态文明建设重点工作”考核内容。每个市直部门“推进生态文明建设重点工作”由最初的2～3条任务逐步增加到4～8条,基本涵盖该部门年度主要重点工作。

市发改委近几年主要考核任务包括加快项目审批工作,增加资金投入,推广新能源汽车(例如2018年要求统筹新增1.34万套充电桩,推动1万辆非营运类轻型柴油货车置换为纯电动货车),推进深圳国际低碳城建设,新建一批节能环保市级工程实验室(交流合作平台)、近零碳排放区示范工程、园区循环化改造等任务。

市教育局近几年主要考核任务包括编制环境科普教程,开展垃圾分类教育、生态文明宣传和实践活动,开展生活垃圾分类示范学校创建(2018年底前示范学校覆盖率达到100%),配合完成绿色学校(星级)建设等。

市科技创新委近几年主要考核任务包括开展节能生态环保共性、关键及核心技术研发,鼓励和支持重点实验室、工程技术研究中心等创新载体建设,加大科技成果应用转化力度,加强国际交流与合作。

市工业和信息化局近几年主要考核任务包括组织淘汰低端产能(2017年、2018年各推动淘汰1 000家),推动重点用能企业节能、技术改造,清洁生产审核,绿色技术应用信息平台建设,绿色制造体系示范项目创建,制定并实施绿色制造体系扶持政策。

市规划和自然资源局近几年主要考核任务包括基本生态控制线内建设用地清退和生态修复,严格控制已有工业企业周边用地规划,将土壤环境质量要求纳入土地流转监管,实施土壤污染风险管控,加强海洋保护和开发利用,研究划定海洋生态红线,严格控制围填海规模,开展海洋生态补偿研究,严厉查处非法围填海、盗采海砂、违法倾倒废弃物等行为,创新规划管理体制机制,推进“多规合一”,自然生态空间统一确权登记,推动建设国家开发区节约集约用地示范区等内容。

市生态环境局近几年主要考核任务包括主要河流水污染源解析,规范入海排口管理,涉水污染源排查整治,淘汰老旧车(2019年需完成5万辆),重点工业企业挥发性有机物治理,推动工业企业入园,土壤环境质量详细调查,粤港澳大湾区生态环境保护工作,危险废物调查与防治,生态保护红线划定与平台建设,“智慧环保”系统建设,推进环境污染强制责任保险等内容。

市住房建设局近几年主要考核任务包括燃气管网建设(2018、2019年均需完成100千米燃气管网),新增装配式建筑面积(2019年需新增300万平方米)、绿色建筑面积(2019年需新增1 000万平方米),开展超低能耗建筑研究,加强在管工地落实“7个100%”扬尘防治措施监管,组织推广使用低噪声建筑施工设备和工艺,

完成封闭式施工示范基地建设，加强建筑废弃物综合处理（2018 年要求达到 580 万吨，2019 年达到 800 万吨），对建筑废弃物全过程监管，严禁非法倾倒行为，推进管廊项目建设（2017 年开工建设管廊约 30 千米），推进绿色物业管理和智慧社区建设等内容。

市交通运输局近几年主要考核任务包括优化和新增公交线路（2018～2019 年均需完成 85 条以上，2018 年要求实现高峰期公共交通占机动化出行分担率提高至 60%以上），完善城市慢行系统（2017 年要求出台规范互联网自行车管理的指导意见，2018 年建成自行车道 200 千米以上，推广一批智能停放点，2019 年新改扩建自行车道约 300 千米），加强港口污染防治（2017 年要求新建泊位须同步建设岸电设施，2019 年 80%的泊位具备供应岸电能力，靠港船舶全部使用低硫燃油，靠港集装箱船舶单月使用岸电比例达到 6%），推广新能源汽车（2017 年要求年底前实现 100%公交纯电动化，2018 年要求申报建设绿色货运配送示范城市，5 月 1 日起，新增营运类轻型货车全部为纯电动车，2018 年底前淘汰 2 万辆营运类轻型柴油车），开展路噪声污染防治，完成交通噪声路段筛查和数据库建，加强在管工地落实“7 个 100%”扬尘防治措施监管，强化港口码头、汽车维修企业危险废物管理工作。

市水务局近几年主要考核任务包括污水处理设施提标改造，加快管网建设和正本清源改造（2017 年新建污水管网长度 1 650 千米，2018 年完成 2 350 千米以上污水管网铺设，对 5 500 个以上小区开展雨污分流改造，力争实现生活污水收集处理率达到 90%以上，2019 年新建管网 302 千米，修复改造存量管网 800 多千米，完成“最后一千米”管道接驳，完成 3 332 个以上小区、城中村正本清源改造），推动主要河流稳定达标（2019 年要求深圳河、坪山河、观澜河水质稳定达标，龙岗河水质年底达标，茅洲河水质明显改善），统筹全市黑臭水体治理（2018 年要求完成 62 条，2019 年要求完成 159 个黑臭水体全面消除黑臭），加强污泥管控（2018 年要求出厂污泥含水率降至 60%及以下，杜绝臭气扰民问题），加强河道垃圾巡查和清运，严格用水总量和用水效率控制，推进再生水利用示范工程建设。

市文化广电旅游体育局近几年主要考核任务包括配合开展生态文明艺术宣传，加强旅游行业垃圾分类和减量教育和培训工作，开展绿色旅游饭店创建活动，督促新建广播电台、电视台等机构落实电磁辐射设施申报登记及污染防治措施，指导和监督媒体加强对生态环境保护的监督管理。

市卫生健康委近几年主要考核任务包括加大对医疗卫生机构医疗废物的卫生监督执法力度，探索开发医疗废物在线监管平台系统，严格监管并确保医院废水达标排放，推进医院建筑节能改造工作，试点开展“绿色医院”创建工作，持续加强放射防护监督监测工作，开展控烟条例执行效果评估和重点场所无烟环境监测。

市国资委近几年主要考核任务包括积极推行清洁生产和绿色供应链管理，推广新能源汽车（2017 年要求现实市属国企公交大巴全面纯电动化，电动大巴超

过11 000辆，2019年要求市属企业新采购公务用车中纯电动车辆占比不低于50%)，督促市属企业强化生态环境保护主体责任，将生态环境保护工作纳入企业经营业绩考核并严格奖惩，鼓励和扶持市属企业在节能环保领域发展壮大，推动节能环保技术的研究开发和推广应用，督促市属企业推进垃圾分类工作，持续做好碳排放权交易服务等内容。

市市场监督管理局近几年主要考核任务包括加大车用燃油产品质量监管力度，对低挥发性有机物含量涂料、建筑装饰装修涂料开展专项检查，加强限塑监管执法，注重耕地土壤环境保护，推进畜禽养殖废弃物的减量化、资源化、无害化、生态化处理，加强对噪声限值的产品进行监督管理，大力推进碳排放核查工作等内容。

市城管和综合执法局近几年主要考核任务包括推进生活垃圾分类行动(2017年要求开展生活垃圾分类和减量达标小区创建活动，达标小区覆盖率达到40%，垃圾分流分类处理量达到1 600吨/日以上，2018年建成生活垃圾分类小区1 700个，2019年全面推进强制分类行动，厨余垃圾分类全覆盖，生活垃圾回收利用率达30%以上)，统筹做好全市生活垃圾处置工作(2016年要求实行餐厨垃圾收集运输处理一体化运营，2018年升级改造垃圾转运站300座以上，2019年新增垃圾焚烧处理能力1.03万吨/日，完成400座垃圾中转站升级改造，加快垃圾渗滤液就地全处理)，严厉打击并坚决遏制非法转移、倾倒生活垃圾行为，持续打造“世界著名花城”行动计划(2016年新建改建公园50个，开展珍稀濒危资源的就地和迁地保护，2017年新建和改造公园55个，推进广东省内伶仃—福田国家级自然保护区国家级示范保护区建设，2018年新建、改造提升60个公园，力争到2018年达到国家森林城市建设标准，2019年建成100个花景项目，新建、改造提升40个公园)，广泛发动市民参与城市管理，开展城中村市容环境净化整治工作等内容。

市公安局交通警察局近几年主要考核任务包括黑烟车查处(2017年要求路检4万辆高污染车辆，抽检5 000辆(台)公交、货运车辆和非道路移动机械，2018年、2019年均要求检查机动车不少于5万辆，柴油车不少于3.2万辆)，严厉打击泥头车超载、带泥上路和沿途洒漏，依法禁止轻型柴油货车和小型柴油客车新注册登记及转入，对高噪声路段及其他城市主干道定期开展专项机动车噪声执法行动，完善智能交通管理，加强交通管理与疏导等内容。

市前海管理局近几年主要考核任务包括持续推进水环境质量改善(2017年要求大力建设双界河、桂湾河、前湾河和月湾河水廊道，完成双界河(前海段)黑臭治理，2018年要求初步形成水廊道体系，2019年要求加快推进实施前海—南山深隧工程)，继续开展扬尘污染治理工作，落实施工场地扬尘7个100%防治要求，开展重点噪声控制工地封闭式施工示范基地建设，推进公园绿地建设，推进慢行步道建设，营造宜居公共空间，规模化推进绿色建筑开发建设等内容。

市建筑工务署近几年主要考核任务包括推进绿色建筑示范项目建设，打造一定比例高星级绿色公共建筑，推进建筑产业化试点工作，推动建筑废弃物减排与综合利用，加大“四新”技术在政府工程中的应用比例，加强施工噪声监管，建立高噪声施工机械管理台账或负面清单，加强在管工地落实“7个100%”扬尘防治措施监管等内容。

5.4 重点企业考核指标

5.4.1 主要变化情况

2007～2013年，重点企业生态文明建设工作内容变化较小，主要考核内容包括“治污保洁工程完成情况”“污染减排任务完成情况”和“环保工作报告”。2014年起，新增“推进生态文明建设重点工作”，每年度结合企业重点工作，以及市交通局、市水务局、市国资委等市直部门和企业的反馈意见进行了调整。2016年，统一新增一项考核指标“在本单位十三五规划中突出绿色发展或生态文明建设章节等内容，明确工作任务具体举措”。2017年起，统一新增一项考核指标“扎实推进企业环境信息公开工作，主动处理好企业与群众关系，做好环境隐患排查和整改”，充分发挥企业的示范带动作用，落实企业污染防治主体责任。总体来说，考核内容纵深推进，要求越来越高，越来越细。

5.4.2 考核指标

重点企业考核框架体系与市直部门相似，本章节重点介绍重点企业“推进生态文明建设重点工作”考核内容。每个重点企业“推进生态文明建设重点工作”由最初的2～3条任务逐步增加到3～6条，较好体现了企业年度生态文明建设重点工作。

深圳市地铁集团有限公司近几年主要考核任务包括严格控制扬尘污染和噪声污染（连续多年要求加大对违反扬尘、噪声污染防治规定施工单位查处力度，根据施工工地污染情况和场地条件，推广实施封闭式施工技术，降低地铁施工对周边居民噪声影响，2018年要求成立环境督查队，开展常态化环境保护督查），积极开展节能降耗工作（2017年要求充分研究并应用智能控制系统，积极开展碳排放履约工作等业务，2019年要求积极推进能源管理体系建设和能源管理平台建设），实施绿色采购（2018年要求成立绿色采购工作小组，制定地铁集团绿色采购实施方案，连续2年要求推广使用新能源工程机械，必须采购使用低挥发性有机物含量涂料生产的办公家具），精心打造生态文明宣传平台，开展企业环保意识培训和低碳节能宣传等工作。

深圳市机场(集团)有限公司近几年主要考核任务包括降低噪声扰民影响(2017年要求加强噪声污染控制规划,严格要求进离场航空器执行降噪飞行程序,2018年起新增对推进机场飞行控制区噪声监测系统建设工作),连续多年要求推进环境管理体系建设工作,联合宝安区政府加强对区域公共环境整治,深入开展节能减排工作(2017年要求积极推进能源管理体系建设和能源管理平台建设,2019年进一步要求积极推进能源审计、清洁生产工作及能源管理平台建设),构建绿色供应链体系,推广新能源汽车(2017年要求编制《低碳节能产品目录》,2018年起要求新购置的非特殊用途的通用车辆全部使用电动车辆),合理落实海绵城市要求,建设生态文明示范机场,建立企业环保意识提升培训和低碳节能宣传机制(2018年起要求在对外窗口设置专栏,向公众推广环保意识与绿色生活,倡导社会公益活动,每年不少于1个月)。

深圳市盐田港集团有限公司近几年主要考核任务包括协助政府推动船舶停靠期间使用岸电、低硫燃油等清洁能源,积极推进能源管理体系建设(开展能源管理体系(ISO50001)编制工作,推进开展LED灯置换高压钠灯工作,增加新型电龙门吊),港口、码头加强废油等危险废物规范化贮存管理工作,加强企业生态文化建设,建立企业环保意识提升培训和低碳节能宣传机制,推进垃圾分类工作。

深圳能源集团股份有限公司近几年主要考核任务包括加强控股电厂深度除尘、脱硫、脱氮等设施的运营维护管理,污染物排放稳定达到国家超低排放标准,要求加快建设东部环保电厂、老虎坑垃圾焚烧发电厂三期和妈湾城市能源生态园三个垃圾焚烧项目,推行自建垃圾焚烧飞灰处理处置设施,做好垃圾渗滤液处理处置以及飞灰稳定化处理工作,推行示范教育基地建设(2018年要求完成老虎坑垃圾焚烧发电厂固体废物处理设施综合示范教育基地建设工作,2019年要求建设1~2个生态环保示范教育基地或科普体验基地),不断强化污染事故防范预案,提高环境应急管理能力和环境安全保障水平,相关工程中合理落实海绵城市要求。

深圳市水务(集团)有限公司近几年主要考核任务包括持续污水管网改造建设,配合各区,完成管辖范围内全部小区正本清源改造(2016年要求完成管辖范围内小区出户管、截污设施核查及排放口建档,完成小区出户管梳理改造和截污设施整改,2018年要求完成管辖范围内10千米污水管网改造),加强各污水处理厂运行管理,推进污染源全过程监控工作,确保全年出水稳定达标,污泥处理处置设施建设和改造(2016年鼓励厂内原地减容减量技术的研究和应用,2017年要求具备条件的污水厂自行处理处置本厂污泥,强化臭气治理,2018年基本完成现有污泥处理处置设施达标改造;将污泥深度脱水处理作为污水厂的处理环节,严格污泥收集运输处置的全程监管,2019年要求完成现有水质净化厂污泥处理设施达标改造),有计划、有条件的将城市污水处理设施向公众开放,全面落实海绵城市要求(2018、2019年由海绵办要求提出详细分工),消除道路主要内涝点。

深圳市燃气集团股份有限公司近几年主要考核任务包括提高燃气管网覆盖率和燃气使用率(2017～2019年每年要求新建100千米以上市政中压燃气管网),重点推进老旧小区、城中村、学校、医院和餐饮商户管道天然气改造,推进综合能源利用项目,发展分布式能源,推进LNG冷能利用,做好燃气场站风险应急预案。

深圳巴士集团股份有限公司近几年主要考核任务包括推广新能源汽车(2016年要求在更新、新增公交运营车辆时优先考虑新能源汽车,新能源汽车平均单车年度运营考核里程达到6万千米,2017年要求加快推进新能源公交车推广应用,除保留少部分非纯电动公交车作为应急运力外,年底实现公交电动化率100%,2018年要求实现出租车全面电动化),全力推动配套充电桩建设工作,保障全面电动化充电需求,车身喷涂作业全面推广水性漆应用,规范危险废弃物管理,全面推广零排放水循环洗车系统,进一步推广微循环巴士项目,逐步解决市民出行最后一千米的难题,新增绿色公交线路,建立企业环保意识提升培训和低碳节能宣传机制,在对外窗口设置专栏,每年不少于1个月。

深圳高速公路股份有限公司2019年度纳入考核,考核内容主要包括降低施工产生的噪声和对大气的污染,将生态文明建设管理相关要求纳入合同强制性条款中,推广使用电动泥头车,鼓励选用电动或天然气工程机械,开展企业环保意识培训和低碳节能宣传。

深圳市农产品集团股份有限公司2019年度纳入考核,考核内容主要包括加强农批市场污水治理,加强垃圾处理管理工作,推动垃圾分类处理提高环境卫生投入工作,继续推进市场环境综合治理,开展企业环保意识培训和低碳节能宣传。

招商港务(深圳)有限公司、深圳赤湾港航股份有限公司和蛇口集装箱码头有限公司三家公司近几年主要考核任务相似,包括推动船舶停靠期间使用岸电、低硫燃油等清洁能源,加强废油等危险废物规范化贮存管理,加大对散货装卸过程中粉尘治理力度,积极推进能源管理体系建设,继续推进港口码头节能减排项目,探索在用柴油车和柴油工程机械安装颗粒物捕集器,采购设备或工程项目中选用LNG或电动工程机械、装卸机械的比例不低于30%,推进落实绿色物流工作计划,鼓励淘汰港区高耗能、低效率的老旧牵引车,配合有关部门开展进出港口的黄标车管理工作,建立企业环保意识提升培训和低碳节能宣传机制。

6 深圳生态文明建设考核综合评估

6.1 政策机制评价

6.1.1 评价方法

通过问卷调查方式开展普通市民和参与考核人员对于生态文明考核制度的满意程度。包括了对改革项目了解、知晓途径、改革目标的认同、考核对象的认同、考核指标的认同、考核结果应用的认同、公众参与的满意度、促进环境质量提升的满意度、有效树立生态政绩观的满意度、总体满意度等多角度内容，较全面地反映了当前深圳市居民对于生态文明建设考核改革项目知晓度、认同度、满意度的主观感受。

6.1.2 问卷调查、调查对象

1. 问卷设计

问卷包括两部分，第一部分用来调查深圳市民和考核参与人员对深圳市生态文明建设考核制度改革项目的知晓度、认同度、满意度；第二部分了解被调查人员的基本信息，从了解/认可/满意到不了解/不认可/不满意依次为5分、4分、3分、2分、1分。详细问卷情况如表6.1。

表6.1 深圳市生态文明建设考核调查问卷

调 查 问 卷

尊敬的女士/先生：

为了解您对我市生态文明建设考核制度改革项目的知晓度、认同度、满意度，我们设计了本调查问卷。请您就下列问题表达看法，您的宝贵意见是我们不断深化改革、改进工作的重要参考。

第一部分：请在仔细阅读每个问题后，选择最接近您个人真实想法的答案。（从了解/认可/满意到不了解/不认可/不满意依次为5分、4分、3分、2分、1分。）

1. 从2007年启动环保工作实绩考核到2013年升级为生态文明建设考核，我市“建立健全生态文明建设指标体系和考核制度”改革项目，您是否了解？

A. 5　　B. 4　　C. 3　　D. 2　　E.1

1－1　如了解，请告知知晓途径

A. 亲自参与　　B. 朋友同事介绍

C. 电视、报纸等传统媒体获悉　　D. 网站、手机新闻、微博、微信等新媒体获悉

E. 其他

（续表）

2. 此项目是“为了督促各部门领导干部在决策和施政过程中，主动推进生态文明建设，改善生态环境质量，建设美丽深圳”，您对改革目标是否认同？

A. 5　　B. 4　　C. 3　　D. 2　　E. 1

3. 此项目考核对象包括10个区、17个市直部门及12个重点企业一把手在内的领导班子，您对这些改革内容是否认同？

A. 5　　B. 4　　C. 3　　D. 2　　E. 1

4. 此项目在强化环境质量考核基础上，结合民生热点，2014年重点考核内涝治理，2015年重点考核大气达标及改善，2016年新增黑臭水体和功能区噪声等指标，您对这些改革内容是否认同？

A. 5　　B. 4　　C. 3　　D. 2　　E. 1

5. 此项目考核结果纳入领导绩效考核，影响领导干部升迁和绩效奖金发放，并进行末位警示及诫勉谈话，您对这些改革内容是否认同？

A. 5　　B. 4　　C. 3　　D. 2　　E. 1

6. 此项目“公众生态文明意识”“公众对城市生态环境提升满意率”考核指标占各区考核满分的8%，邀请二十多位居民代表作为实绩报告评审团，搭建了一个公众参与干部评价的平台进行，您对这些改革成效是否满意？

A. 5　　B. 4　　C. 3　　D. 2　　E. 1

7. 此项目有效促进了我市环境质量提升：空气质量居国家74个重点监测城市前列，“深圳蓝”成为城市靓丽的名片；东部近岸海域水质保持优良水平，福田河、龙岗河、观澜河等主要河流水质改善明显；各类公园总数达到911个，建成区绿化覆盖率为45.08%，您对这些改革成效是否满意？

A. 5　　B. 4　　C. 3　　D. 2　　E. 1

8. 此项目被新华社誉为生态文明“第一考”，成为引导强化各级干部树立生态政绩观的指挥棒，您对这些改革成效是否满意？

A. 5　　B. 4　　C. 3　　D. 2　　E. 1

9. 您对此改革总体满意程度？

A. 非常满意，应继续实施　　B. 稍有不足，有改进空间

C. 无想法，不关心　　D. 问题较多，须大力改进

E. 效果很差，不必再实施

9-1　如果你不满意，主要对哪些方面不满意？

A. 考核指标有待优化　　B. 考核结果应用不强

C. 公众参与力度不够　　D. 对生态环境改善无帮助

E. 其他

第二部分：这是对您个人的基本资料的调查了解。

1. 您的年龄

A. 18～29　　B. 30～39　　C. 40～49　　D. 50及以上

2. 受教育程度

A. 高中(中专)或以下　　B. 大专及本科　　C. 研究生

3. 您在深圳居住的时间

A. 不足三年　　B. 3～10年　　C. 10年以上

4. 您的居住区域属于

A. 福田　　B. 罗湖　　C. 南山　　D. 盐田　　E. 宝安

F. 龙岗　　G. 光明　　H. 龙华　　I. 坪山　　J. 大鹏

5. 您的工作性质属于

A. 机关事业单位　　B. 国有企业　　C. 私营企业　　D. 个体户　　E. 自由职业

F. 其他(您也可以填写)

2. 调查对象

分别在全市10个区的市政服务中心、周边企业及通过各街道办发放各社区居民以及生态文明考核培训会上发放等方式，向居民和参与考核人员进行问卷调查，共回收有效问卷508份，其中回收参与考核人员有效问卷119份，回收市民有效问卷389份。

6.1.3 知晓度评价

经统计问卷结果(图6.1)，参与考核人员对于生态文明建设考核知晓度为92.6%，其中了解程度5分和4分的分别占73%和21%。市民对于生态文明建设考核知晓度为63.6%，其中了解程度3分和2分的比例最高，分别为31%和29%。

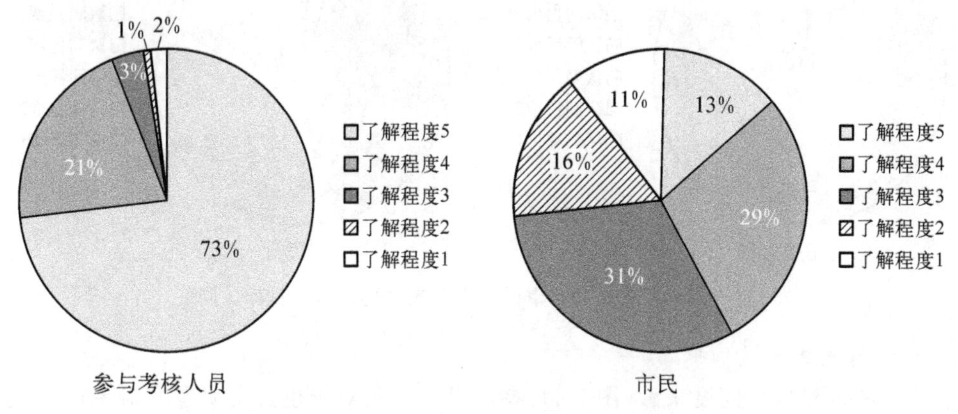

图6.1 参与考核人员和市民对生态文明建设考核了解程度

从了解途径来看(图6.2)，参与考核人员全部为亲自参与。市民了解途径较为多样，电视等传统媒体和网络等新媒体两大途径了解的数量最多。

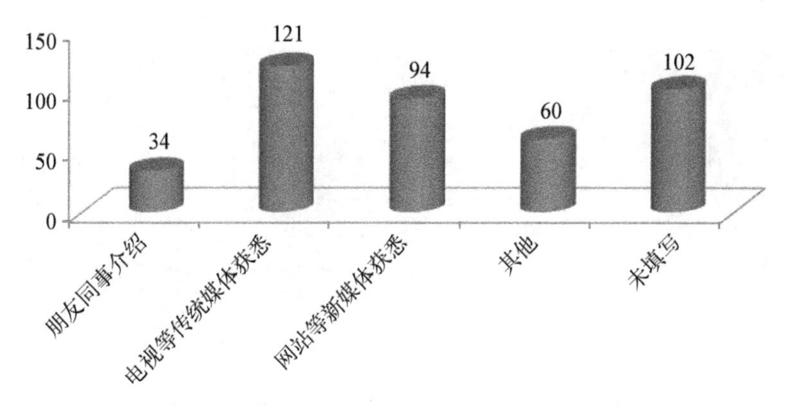

图6.2 市民对生态文明建设考核的了解途径

6.1.4 认同度评价

1. 考核目标认同度

问卷结果表明(图 6.3),参与考核人员对于生态文明考核目标的认同度93.9%,认同程度5分和4分的分别占73%和24%,没有认同程度2分和1分的被调查人员。市民对于生态文明考核目标的认同度79.9%,认同程度5分、4分和3分的分别占33%、39%和23%。

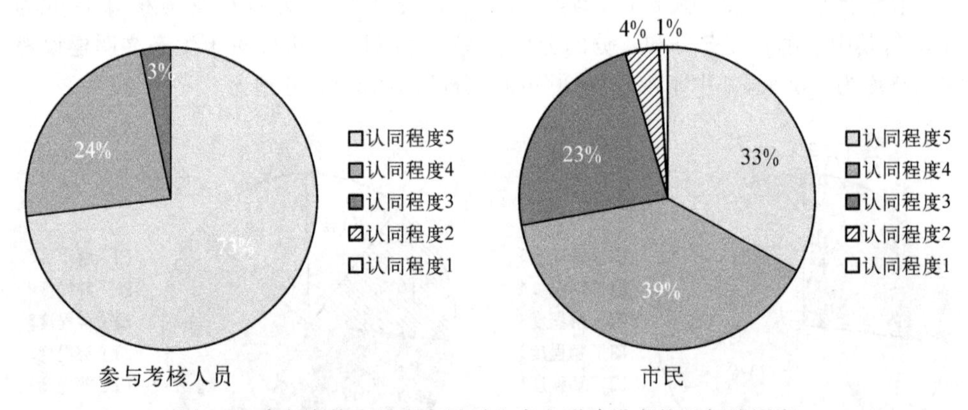

图 6.3 参与考核人员和市民对生态文明建设考核目标认同度

2. 考核对象认同度

从考核对象认同度来看(图 6.4),参与考核人员对于生态文明考核对象的认同度90.4%,认同程度5分、4分和3分的分别占61%、31%和8%,没有认同程度2分和1分的被调查人员。市民对于生态文明考核对象的认同度77.9%,认同程度5分、4分和3分的分别占28%、40%和27%。

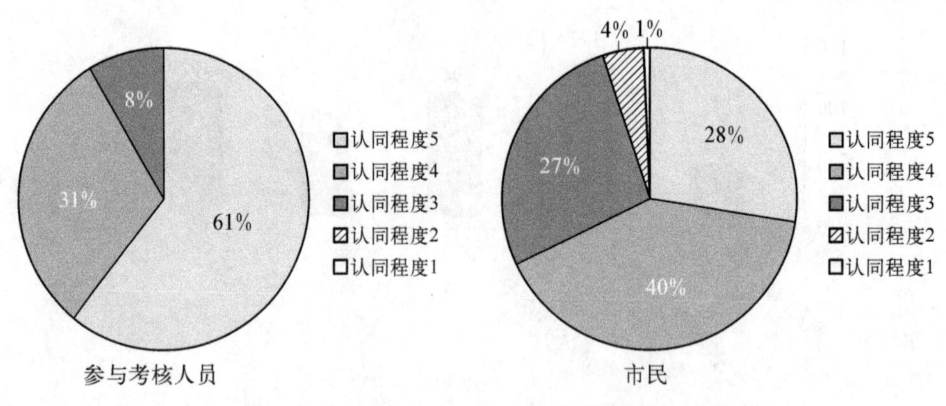

图 6.4 参与考核人员和市民对生态文明建设考核对象认同度

3. 考核指标认同度

从考核指标认同度来看(图 6.5)，参与考核人员对于生态文明考核指标的认同度 90.3%，认同程度 5 分和 4 分的分别占 63%和 28%，认同程度 2 分的为 2%，没有认同度 1 分的受调查人员。市民对于生态文明考核指标的认同程度 80.3%，认同程度 5 分、4 分和 3 分的分别占 33%、41%和 22%。

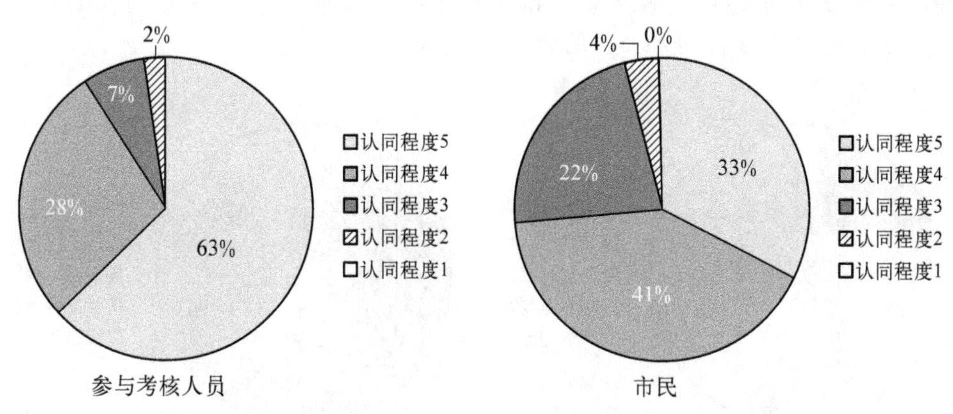

图 6.5 参与考核人员和市民对生态文明建设考核指标认同度

4. 考核结果应用认同度

从考核结果应用认同度来看(图 6.6)，参与考核人员对于生态文明考核目标的认同度 90.9%，认同程度 5 分和 4 分的分别占 66%和 24%，认同度 2 分的为 3%，没有认同度 1 分的受调查人员。市民对于生态文明考核目标的认同度 79.7%，认同程度 5 分、4 分和 3 分的分别占 32%、41%和 22%。

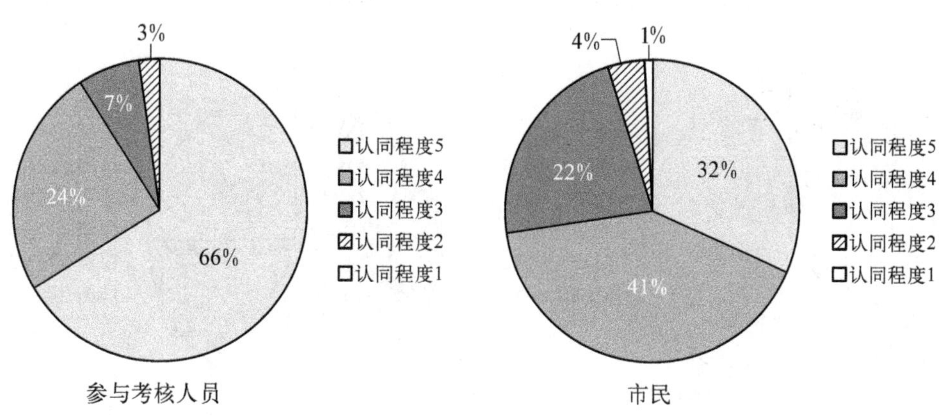

图 6.6 参与考核人员和市民对生态文明建设考核结果应用认同度

6.1.5 满意度评价

1. 公众参与满意度

从公众参与满意度来看(图 6.7),参与考核人员对于生态文明考核公众参与满意度为 84.9%,认同程度 5 分和 4 分的分别占 47%和 35%,满意度 2 分的为 4%,没有满意度 1 分的受调查人员。市民对于生态文明考核公众参与满意度为 77.1%,满意度 5 分、4 分和 3 分的分别占 28%、37%和 27%。

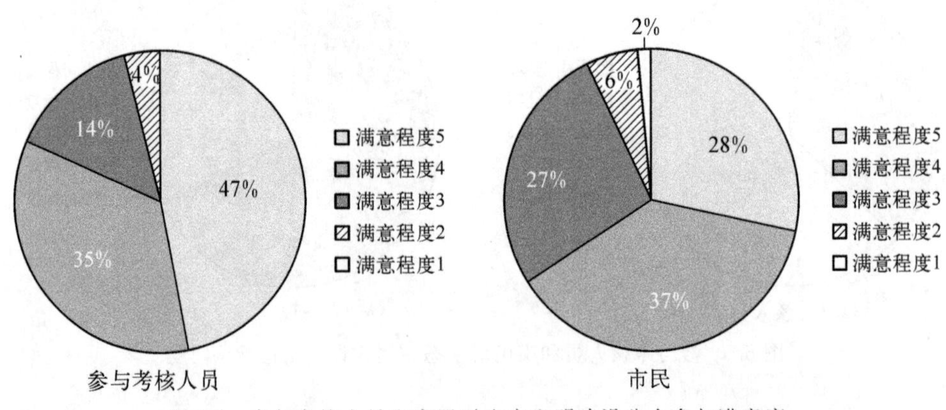

图 6.7 参与考核人员和市民对生态文明建设公众参与满意度

2. 促进环境质量提升满意度

从促进环境质量提升满意度来看(图 6.8),参与考核人员对于生态文明考核促进环境质量提升满意度为 90.3%,认同程度 5 分和 4 分的分别占 60%和 31%,满意度 2 分的为 1%,没有满意度 1 分的受调查人员。市民对于生态文明考核促进环境质量提升满意度为 76.6%,满意度 5 分、4 分和 3 分的分别占 25%、42%和 25%。

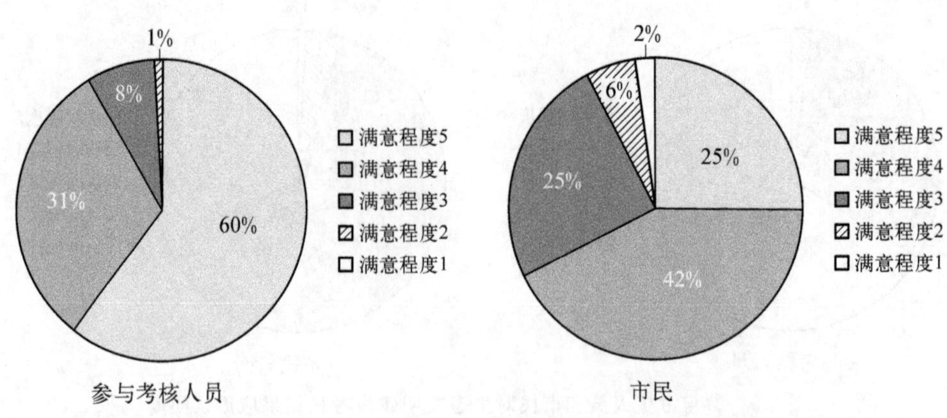

图 6.8 参与考核人员和市民对生态文明建设考核促进环境质量提升满意度

3. 树立生态政绩观满意度

从树立生态政绩观满意度来看(图 6.9),参与考核人员对于生态文明考核树立生态政绩观满意度为 89.6%,认同程度 5 分和 4 分的分别占 57%和 34%,没有满意度 2 分和 1 分的受调查人员。市民对于生态文明考核树立生态政绩观满意度为 76.7%,满意度 5 分、4 分和 3 分的分别占 27%、40%和 24%。

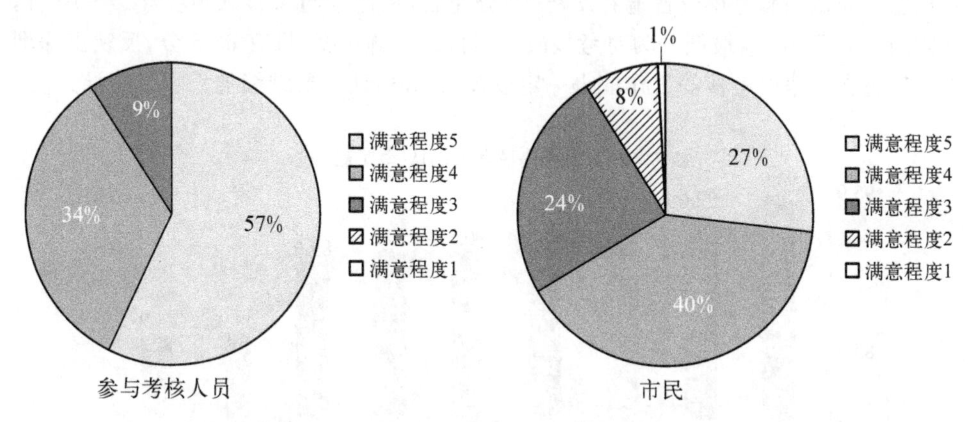

图 6.9　参与考核人员和市民对生态文明建设考核树立生态政绩观满意度

4. 总体满意度

问卷结果表明(图 6.10),参与考核人员对于生态文明考核总体满意度为 85.0%,认同程度 5 分和 4 分的分别占 36%和 56%,满意度 2 分的为 4%,没有满意度 1 分的受调查人员。市民对于生态文明考核总体满意度为 76.6%,满意度 5 分、4 分和 3 分的分别占 25%、49%和 13%。

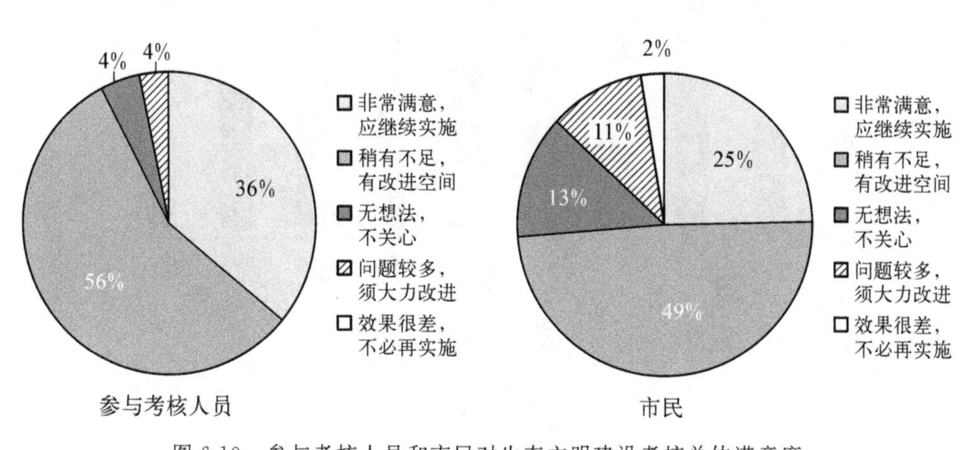

图 6.10　参与考核人员和市民对生态文明建设考核总体满意度

6.1.6 总体评价

通过对参与考核人员和市民对考核各方面认同满意情况进行比较发现(图6.11),总体而言,参与考核人员对考核各方面认同和满意情况得分较高,基本在90分左右,总体满意为85.0分,最低分为公众参与满意度84.9分。市民对生态文明建设考核各方面认同满意得分普遍在76～80分左右,相比参与考核人员少了4～10分,总体满意为76.6分,最低分为对考核改革项目的了解程度,只有63.6分,反映出深圳市对生态文明建设考核等工作取得一定成效的同时,还需要继续加大宣传引导力度。

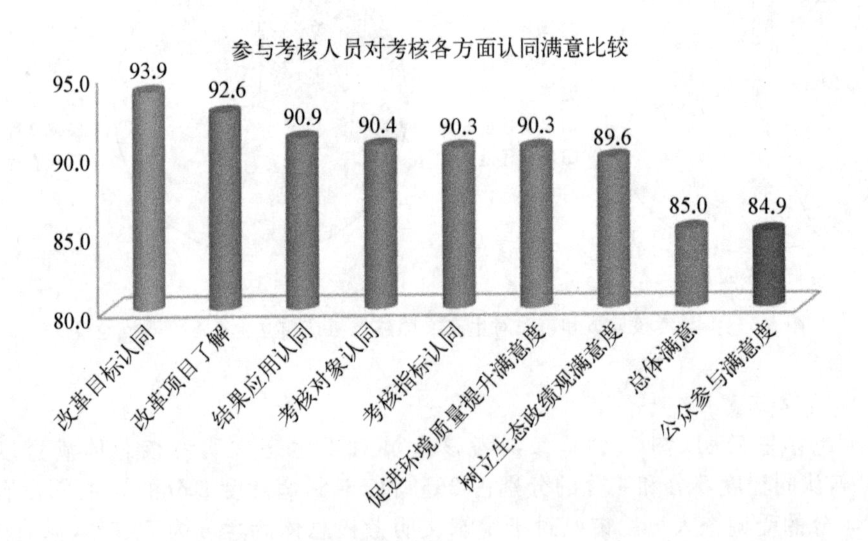

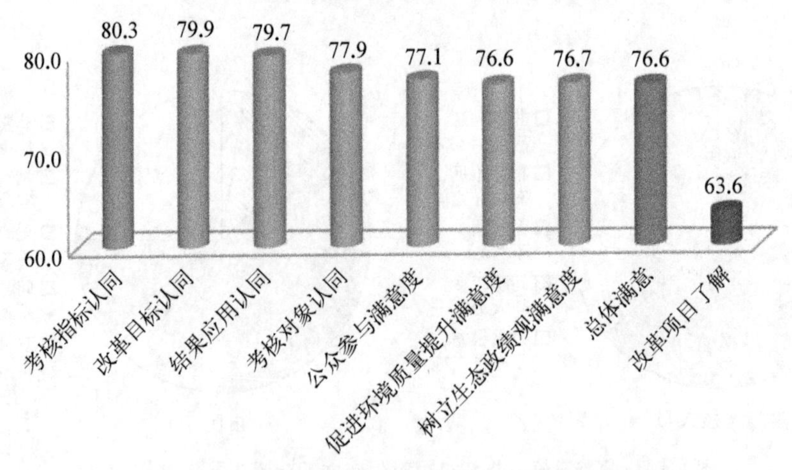

图6.11 参与考核人员、市民对考核各方面认同满意情况

不满意和期待改善方面(图 6.12),“考核指标有待优化”和“公众参与力度不够”是参与考核人员觉得最有待改善的两个首选方面,分别有 45 和 43 人次,其次是 33 人认为“考核结果应用不强”。市民认为,“公众参与力度不够”和“考核结果应用不强”是迫切需要改善的,分别有 138 和 117 人次。对考核工作的诉求和期待,体现了深圳市市民的环境保护意识正在逐步提升,对于所生活的生态环境越来越关心,这是时代发展和社会进步的必然结果。参与考核人员和市民对生态环境质量的满意度和对生态文明建设考核工作的支持也是深圳市生态文明建设考核的动力源泉,市民不大认可和满意之处应引起有关部门的高度重视。

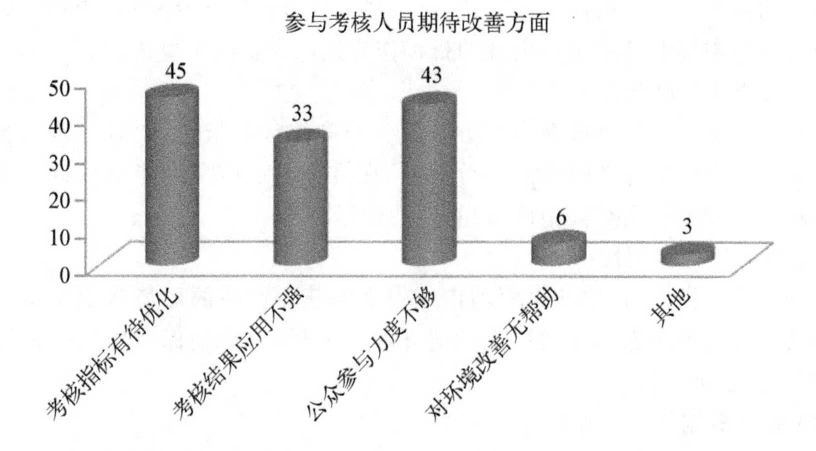

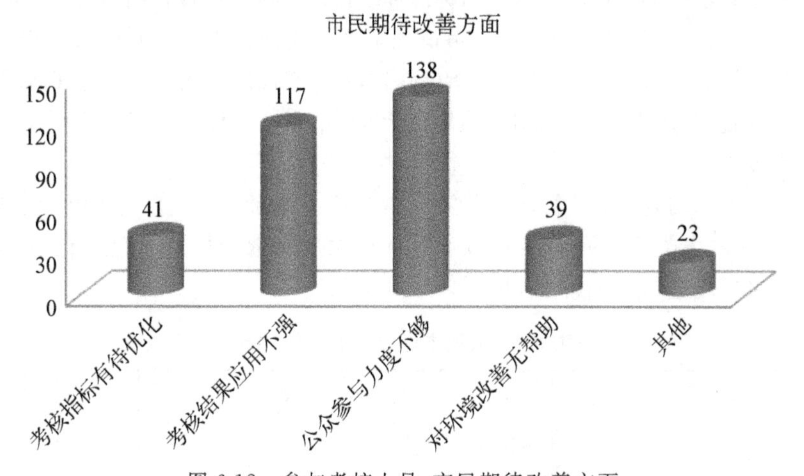

图 6.12　参与考核人员、市民期待改善方面

6.2 实施成效评价

6.2.1 评价方法

6.2.1.1 指标体系构建

1. 构建原则

(1) 关键指标选取

在具体分析时应以现有的指标体系为依据，与此同时指标体系中也有能体现深圳自身的特色与亮点指标。基于此，所选择的评价指标从《绿色发展指标体系》、现有指标体系中择取其中高频出现的指标作为选取评价的主要依据。

(2) 权威性与典型性

在选择指标时应尽量选择由官方部门发布和统计的指标，同时要确保统计数据口径的统一性。对存在缺失的部分数据，在推算时也应尽可能地以权威数据为基准。尽量选取那些具有典型性、独立性的指标。

(3) 科学性与客观性

在选择评价指标时，应该对深圳市生态文明建设面临的形势和生态文明建设重点以及具体的牵头部门开展广泛调研并深入分析，才能确保所构建的指标体系符合科学性、合理性。

(4) 指标数据的可操作性

目前，国家省市尚未配套完善化统计监测体系，在实际实证分析中常常出现无法准确、及时找到科学指标的情况。有些指标深圳现行统计调查制度没有涵盖，未来也可能无法获得，但我们做了保留，因为一是考虑到未来可能会建立调查制度可获得数据，二是保持了当前指标与广东省评价考核指标一致，具有较高的可比性。针对其他部分数据可操作性不高或部分区有数据部分区没有统计数据的指标体系，暂不纳入指标体系中。

2. 指标体系

根据上述原则，结合广东省绿色发展指标体系基础，构建了深圳市绿色发展指标体系，包括六大类55项指标，通过计算绿色发展指数，对深圳市生态文明建设近年来取得的成效进行全面评价，指标体系详见表6.2。

表6.2 深圳市绿色发展指标体系

一级指标	序号	绿色发展指标	计量单位
一、资源利用29.3%	1	能源消费总量降低	%
	2	单位GDP能耗	吨标准煤/万元

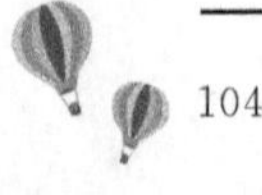

（续表）

一级指标	序号	绿色发展指标	计量单位
一、资源利用 29.3%	3	单位 GDP 二氧化碳排放降低	%
	4	非化石能源占能源消费总量比重	%
	5	用水总量降低	%
	6	万元 GDP 用水量	立方米/万元
	7	单位工业增加值用水量	立方米/万元
	8	农田灌溉水有效利用系数	%
	9	耕地保有量增长率	%
	10	人均新增建设用地规模	万亩/万人
	11	单位 GDP 建设用地面积	平方米/万元
	12	资源产出率	万元/吨
	13	一般工业固体废物综合利用率	%
	14	农作物秸秆综合利用率	%
二、环境治理 16.5%	15	万元 GDP 化学需氧量排放量	千克/万元
	16	万元 GDP 氨氮排放量	千克/万元
	17	万元 GDP 二氧化硫排放量	千克/万元
	18	万元 GDP 氮氧化物排放量	千克/万元
	19	危险废物处置利用率	%
	20	城市生活垃圾无害化处理率	%
	21	城市污水处理率	%
	22	环境污染治理投资占 GDP 比重	%
三、环境质量 19.3%	23	空气质量优良天数比例	%
	24	细颗粒物($PM_{2.5}$)浓度	微克/立方米
	25	地表水达到或好于Ⅲ类水体比例	%
	26	地表水劣Ⅴ类水体断面比例	%
	27	重要江河湖泊水功能区水质达标率	%
	28	地级及以上城市集中式饮用水水源水质达到或优于Ⅲ类比例	%
	29	近岸海域水质优良（一、二类）比例	%
	30	受污染耕地安全利用率	%
	31	单位耕地面积化肥使用量	千克/公顷
	32	单位耕地面积农药使用量	千克/公顷

（续表）

一级指标	序号	绿色发展指标	计量单位
四、生态保护 16.5%	33	森林覆盖率	%
	34	森林蓄积量	亿立方米
	35	耕地污染点位超标率	%
	36	自然岸线保有率	%
	37	湿地保护率	%
	38	陆域自然保护区面积比例	%
	39	海洋保护区面积	万公顷
	40	水土流失面积变化率	%
	41	造林任务完成率	%
	42	抚育任务完成率	%
	43	矿山恢复治理率	%
五、增长质量 9.2%	44	人均 GDP	万元/人
	45	居民人均可支配收入	元/人
	46	第三产业增加值占 GDP 比重	%
	47	新兴产业增加值占 GDP 比重	%
	48	研究与试验发展经费支出占 GDP 比重	%
六、绿色生活 9.2%	49	公共机构人均能耗	吨标准煤/人
	50	新能源汽车保有量	辆
	51	绿色出行(万人公共交通车辆保有量)	标辆/万人
	52	高星级绿色建筑项目占新建建筑比重	%
	53	城市建成区绿地率	%
	54	农村自来水普及率	%
	55	农村卫生厕所普及率	%

6.2.1.2　指标权重确定

与广东省绿色发展指标体系相对，由于仅对个别指标做相应处理，为保持评价结果的可比性，一级指标的权重与广东省保持一致，即资源利用(29.3%)、环境治理(16.5%)、环境质量(19.3%)、生态保护(16.5%)、增长质量(9.2%)。二级指标权重确定方法与广东省绿色发展指标权重确定方法一致，在二级指标框架中分为三类，权重之比为 3∶2∶1。

6.2.1.3 数据来源

原始数据来源于向各部门协助提供相关数据,同时收集统计年鉴、统计公报、水土保持公报、环境质量报告书、网站等,部分需要计算得出的数据也是依据上述资料来源中的原始数据进行整理计算而得。收集数据过程中,某些指标可能无法取得,如资源产出率、环境污染治理投资占GDP比重、耕地污染点位超标率等指标,这些指标值缺失的指标权重在计算总指数时,将平均分配给指标所在一级指标下的其他二级指标,所在的一级指标权数保持不变。

6.2.1.4 数据标准化和计算流程

评价指标体系构建完成后,开展指数测算方法研究,收集指标数据,从资源利用、环境治理、环境质量、生态保护、增长质量、绿色生活、公众满意度等方面对指数变化及原因进行分析。

1. 指数计算流程

绿色发展指数采用综合指数法进行测算。第一步,进行数据收集、审核、确认;第二步,计算绿色发展统计指标,同时对数据缺失的指标进行处理;第三步,对绿色发展统计指标值进行标准化处理,计算个体指数;第四步,通过个体指数加权,计算6个分类指数;第五步,通过分类指数加权,计算绿色发展指数(图6.13)。

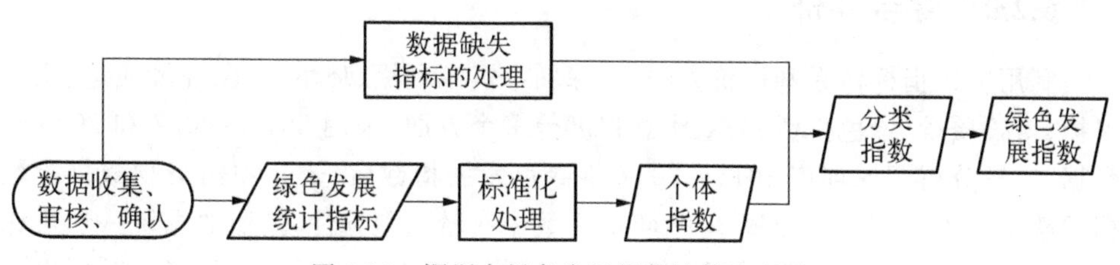

图6.13 深圳市绿色发展指数计算流程图

2. 标准化处理

对绿色发展统计指标值进行标准化处理,计算个体指数。计算公式为:

正向型指标:
$$Y_i = \frac{X_i - X_{i,\min}}{X_{i,\max} - X_{i,\min}} \times 40 + 60$$

逆向型指标:
$$Y_i = \frac{X_{i,\max} - X_i}{X_{i,\max} - X_{i,\min}} \times 40 + 60$$

其中,Y_i为第i个指标的个体指数,X_i为该指标在报告期的统计指标值,$X_{i,\max}$为该指标在报告期统计指标值中的最大值,$X_{i,\min}$为该指标在报告期统计指标值中的最小值。

3. 分类指数

对个体指数进行加权，计算 6 个分类指数。计算公式为：

$$F_j = \frac{\sum_{i=m_j}^{n_j} W_i Y_i}{\sum_{i=m_j}^{n_j} W_i} \quad (j=1, 2, \cdots, 6)$$

其中，F_j 为第 j 个分类指数，Y_i 为指标 X_i 的个体指数，W_i 为第 i 个指标 X_i 的权数，m_j 为第 j 个分类中第一个评价指标在整个评价体系中的序号，n_j 为第 j 个分类中最后一个评价指标在整个评价指标体系中的序号。

4. 绿色发展指数

对 6 个分类指数进行加权，得出绿色发展指数。计算公式为：

$$\begin{aligned} Z = & F_1 \times \sum_{i=1}^{14} w_i + F_2 \times \sum_{i=15}^{22} w_i + F_3 \times \sum_{i=23}^{32} w_i \\ & + F_4 \times \sum_{i=33}^{43} w_i + F_5 \times \sum_{i=44}^{48} w_i + F_6 \times \sum_{i=49}^{55} w_i \end{aligned}$$

其中，Z 为绿色发展指数，W_i 为第 i 个指标 X_i 的权数。

6.2.2 综合评价

利用上述指标体系和评价方法，从深圳市资源利用、环境治理、环境质量、生态保护、增长质量、绿色生活、公众满意程度等多个方面，采用 2011～2017 和 2020 年数据，定量分析了深圳市 2015～2017 年绿色发展指数（由于 4 项污染物减排等数据调整了 2015 年基数，导致 2015 年前后数据有较大差异性，按照数据统一性可比性原则，只比较分析 2015～2017 年绿色发展指数情况）。通过纵向比较，既可以反映出深圳市 2011 年以来与生态文明建设考核密切相关的各项指标变化情况及存在问题，也可以反映出与 2020 年考核目标的完成情况和差距情况，有利于找出薄弱环节或问题。2015～2017 年深圳市绿色发展指数得分、年度变化情况和指标雷达图分别见表 6.3 和图 6.14、图 6.15。

表 6.3 深圳市绿色发展指数得分情况结果

分项指数	2015 年	2016 年	2017 年
绿色发展指数	84.50	89.02	90.69
资源利用指数	79.32	86.46	90.64

（续表）

分 项 指 数	2015 年	2016 年	2017 年
环境治理指数	88.04	91.66	95.33
环境质量指数	79.76	84.61	85.22
生态保护指数	90.89	94.58	88.21
增长质量指数	86.57	89.70	94.25
绿色生活指数	91.08	91.07	94.82

注：满意程度指标采用年度生态文明建设考核中“公众对城市环境满意率”调查结果中各区分数平均值。

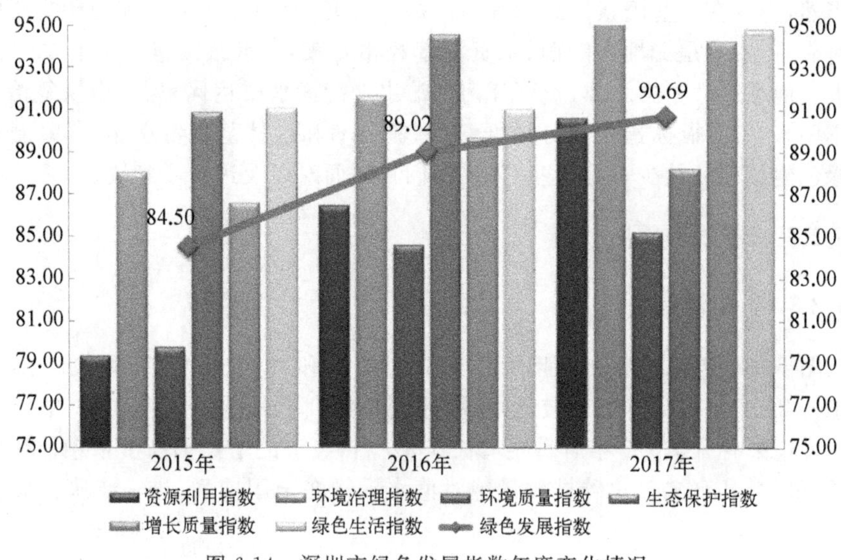

图 6.14　深圳市绿色发展指数年度变化情况

图 6.15　2016 年度和 2017 年度深圳市绿色发展一级评价指标雷达图

根据表 6.3 和图 6.14、图 6.15 可以看出，深圳市绿色发展水平在持续的提高，从 2015 年绿色发指数 84.50 增长到 2016 年 89.02 和 2017 年 90.69。这说明，深圳市在资源利用、生态环境治理保护、质量增长和绿色生活方面取得了较为显著的成绩，从基础数据也可以看出大多数指标也都有逐年变好的趋势。在 2015～2017 年期间，深圳市绿色发展指数、资源利用、环境治理、环境质量、增长质量、绿色生活都呈现递增的趋势，其中，资源利用指数增长最快 14.3%；只有生态保护指数从 90.89 下降了 2.9%至 88.21。从雷达图可以看出，2016、2017 年度绿色发展一级评价指标存在较为明显的差异性，2017 年度比 2016 年雷达图更为均衡。2016 年度中，环境质量、资源利用指数较为落后。2017 年度中，环境质量、生态保护指数较为落后。

当然，仍存在一些因素制约深圳市的绿色发展，例如反映进展和变化类指标排位相对靠后，主要是深圳市能源、水资源基数相对较好，继续改进和变化的难度相对较大。地表水劣Ⅴ类水体、重要江河湖泊水功能区水质达标率、矿山恢复治理率改善不明显，3 项指标指数得分较低；森林覆盖率和森林蓄积量逐年下降，新增高星级绿色建筑项目较少等，这些都需要我们积极面对以及进一步解决。

6.2.3 资源利用

6.2.3.1 能源消费

从图 6.16 中可以看出，能源消费总量降低和单位 GDP 二氧化碳排放降低 2015～2017 年得分普遍比较低，主要原因是深圳市是能源消耗大市，能源消费总量一直稳中有升，2015 年后每年增长 5%左右，经济的增长仍高度依赖能源的大量消耗；单位 GDP 二氧化碳排放量绝对值水平排在全国前列，进一步降低碳强度

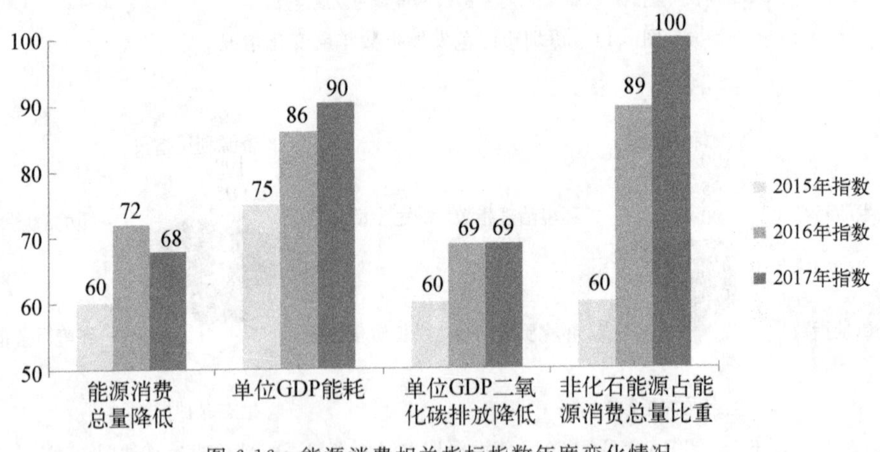

图 6.16　能源消费相关指标指数年度变化情况

的难度较大，节能的边际成本较高。单位 GDP 能耗得分越来越高，2016 年指数为 86，2017 年指数为 90，表明深圳市能源利用效率较高，单位 GDP 能耗从 2011 年的 0.3 下降到了 2017 年的 0.2，离 2020 年 0.166 的目标较为接近。非化石能源占能源消费总量比重也是呈现逐年上涨的趋势，表明深圳市能源消费结构不断优化改善。

6.2.3.2 水资源利用

2015 年深圳市用水总量 19.9 亿立方米，2015 年 19.93 亿立方米，2017 年 20.165 亿立方米，年度只新增 2.89%，0.15%和 1.16%，已经完成年度目标。深圳市正处于经济社会高速增长阶段，大量的重点片区开发建设中，用水总量近年来保持稳中微增已属不易，但是由于 2012 年和 2013 年用水总量还略有下降，与历史时期相比，造成深圳市 2015～2017 年度用水总量降低指数得分不高。万元 GDP 用水量和单位工业增加值用水量普遍得分较高，且呈现逐年上升趋势，主要是由于深圳市两项强度指标呈稳定下降，2017 年度单位工业增加值用水量已十分接近 2020 年目标值。表明深圳市水资源利用效率较高，在保持经济高速发展的同时，有效控制了用水量，用水节水效率进一步提高。农田灌溉水有效利用系数从 2011 年的 0.75 上升到 2017 年 0.86，已提前完成 2020 年目标任务。深圳市水资源利用相关指标指数年度变化情况如 6.17 所示。

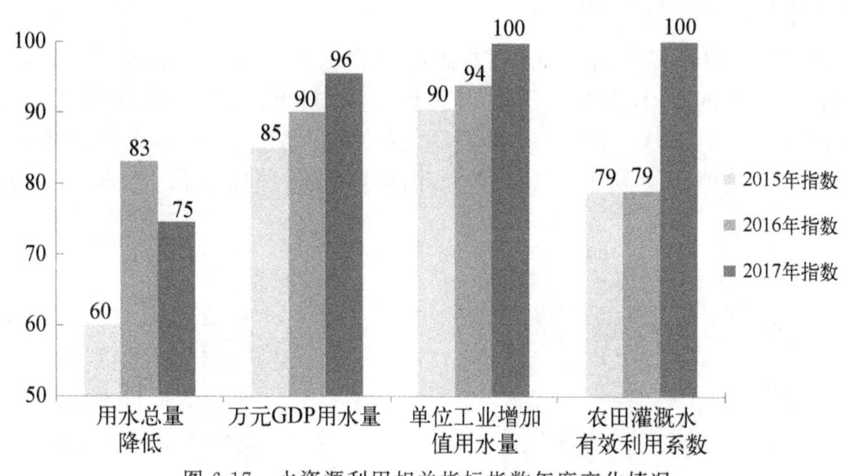

图 6.17　水资源利用相关指标指数年度变化情况

6.2.3.3 建设用地

从图 6.18 中可以看出，耕地保有量增长率指数稳定在 100，主要是由于深圳市 2014 年以来，耕地保有量一直保持 4.03 万亩，严格执行了国家下达的基本农田

划定任务。人均新增建设用地规模呈现先降后升的趋势，导致该指标指数呈先降后升，同时由于近 3 年人均新增建设用地规模是 2011～2014 年人均新增建设用地规模的一半左右，因此该指数得分较高。单位 GDP 建设用地面积指标指数得分越来越高，表明深圳市单位地区生产总值建设用地不断地减少，土地利用效率不断提高。

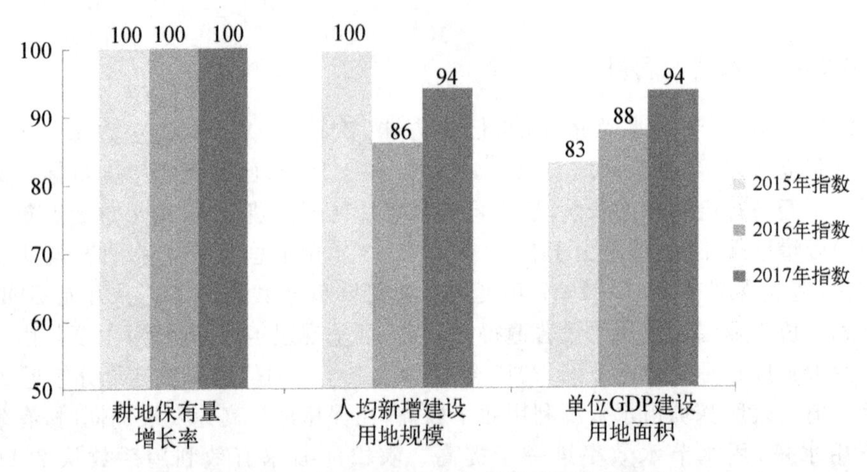

图 6.18　建设用地相关指标指数年度变化情况

6.2.3.4　其他资源利用

从图 6.19 中可以看出，一般工业固体废物综合利用率指数从 2015 年的 95 上升到 2016 年的 100，主要是深圳市一般工业固体废物综合利用率从 2015 年的 99.86％提高到 2016 年的 100％，表明深圳市一般工业固体废物综合利用率从 2016 年起已稳定达到 100％。目前，深圳市已无种植水稻、玉米等有秸秆作

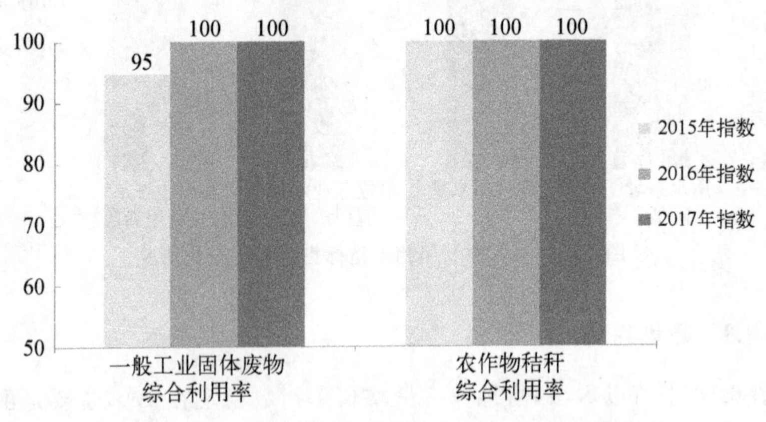

图 6.19　其他资源利用相关指标指数年度变化情况

物，故农作物秸秆综合利用率指标不适合深圳。但由于广东省对各市进行评价，也用该指标对深圳进行评价，并取值100，将农作物秸秆综合利用率指数均赋值为100。

6.2.4　环境治理

6.2.4.1　减排

从图6.20中可以看出，4项污染物减排指标指数稳步提高，较为接近2020年目标（按照下降目标与GDP比值测算得出）。主要原因是深圳政府对污染减排工作的大力推进，原市人居环境委、市发改委、市监察局、市统计局等部门联合印发《年度污染减排任务》，将减排任务分解落实到各区政府、市直部门、重点企业等30个责任单位，明确每条任务时间要求，确保减排工作各环节有机衔接、有序推进。近几年来，4项污染物每年均能完成或大幅超额完成省下达目标。

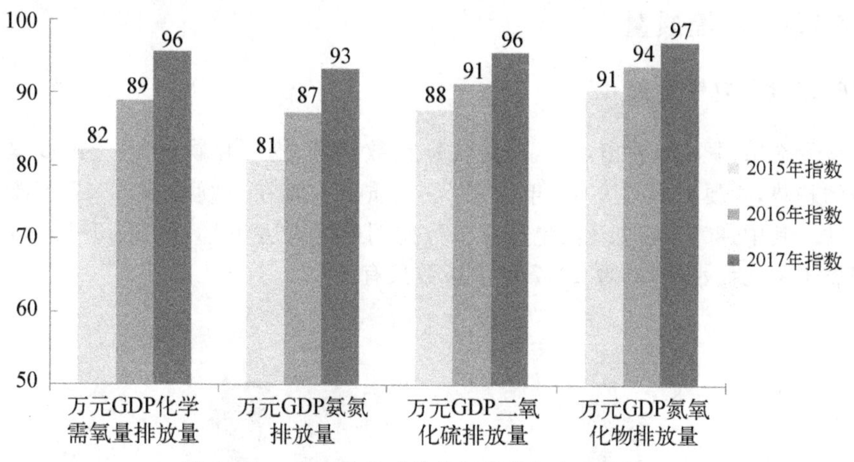

图6.20　4项污染物减排指标指数年度变化情况

6.2.4.2　固废、污水处理

从图6.21中可以看出，危险废物处置利用率、城市生活垃圾无害化处理率指数均为100，主要是由于从2014年起，危险废物处置利用率和城市生活垃圾无害化处理率都保持在100%。深圳市城市污水集中处理水平稳步提升，目前深圳市现有污水处理厂32座，城镇污水处理率已从2011年的93.97%提高到2016年的96.72%和2017年的96.81%，离2020年98%的目标还有一定差距，还需要全面提速污水管网建设和污水处理厂提标改造工程，努力尽早基本实现城市污水全收集全处理的目标。

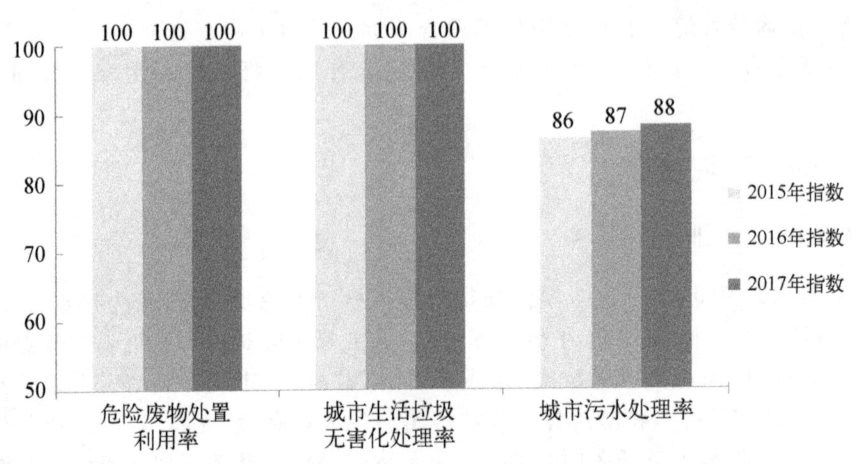

图 6.21　固废、污水处理指标指数年度变化情况

6.2.5　环境质量

6.2.5.1　空气质量

从图 6.22 中可以看出，空气质量优良天数比例、细颗粒物($PM_{2.5}$)浓度呈先升后降的趋势，主要原因是 2014 年以来，空气质量一直在持续改善，2017 年略有向下浮动。其中，2017 年空气质量优良天数比例虽然高达 94%，但在 2011～2017 年期间属于第二低水平，导致 2017 年该指数只有 79。

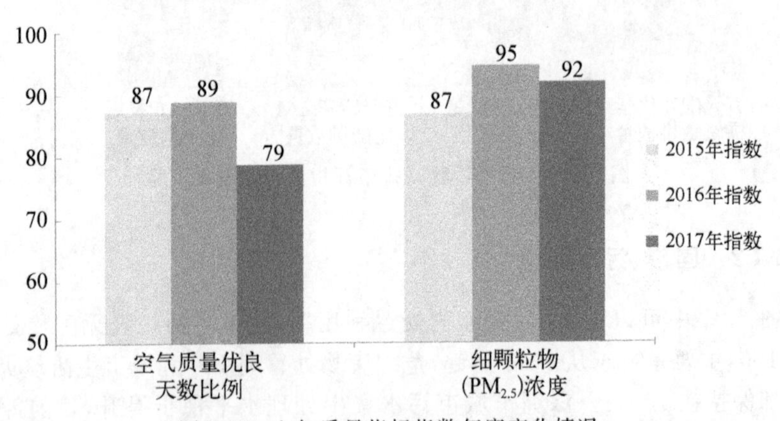

图 6.22　空气质量指标指数年度变化情况

6.2.5.2　地表水

从图 6.23 中可以看出，2015～2017 年地表水达到或好于Ⅲ类水体比例指数一

直保持100。虽然指数得满分，但并不能代表深圳市地表水环境质量较好。由于地表水达到或好于Ⅲ类水体比例涉及断面来源省市签订的《水污染防治目标责任书》，包括清林径水库、龙岗河西湖村、坪山河上垟、观澜河企坪、深圳河径肚、深圳河河口、茅洲河共和村7个断面，设定的2018～2020年目标均为28.6％，现状中，清林径水库和深圳河径肚断面均达到或好于Ⅲ类标准，分析其他断面，可以发现作为评价的7个断面达到或好于Ⅲ类水体比例将长期处于28.6％，水环境治理还任重道远。近岸海域水质优良（一、二类）比例指数也存在类似情况，该指定2020年目标为72.73％，现状中长期保持在72.73％，但西部海域全部均未达到功能区要求，短期内难以达标，要改善到优良水质更是难上加难。

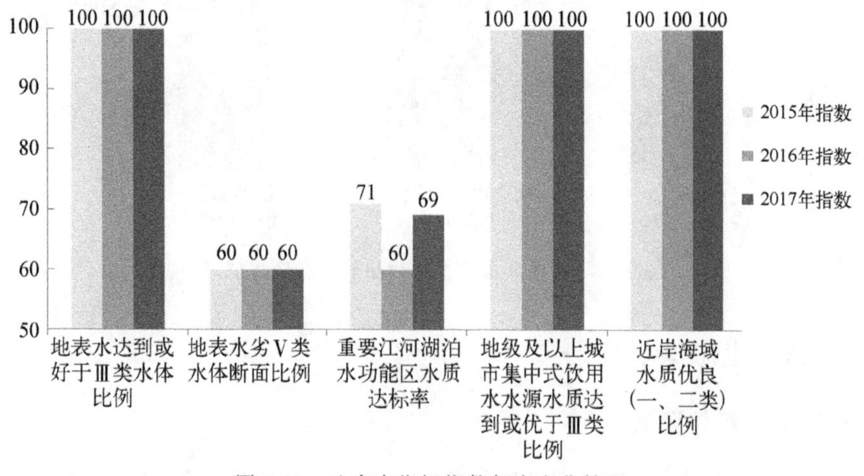

图6.23 地表水指标指数年度变化情况

2015～2017年地表水劣Ⅴ类水体断面比例指数均为60，主要是2015～2017年地表水劣Ⅴ类水体断面比例一直为71.4％的较高比例，离2018年14.3％和2020年0％的目标相距甚远。重要江河湖泊水功能区水质达标率指数得分率也不高，主要是由于深圳市近3年来功能区水质达标率在64％～70％浮动，离2020年80％目标还有较大差距。一方面是由于深圳市污水管网基础设施较为落后，污水收集率不足；另一方面是由于水环境治理是一个长期过程，历史欠账需要系统和长期连续治理才能明显改善。

从2011年起，深圳市饮用水水源水质稳定达标，因此该指标指数得分均为100。

6.2.5.3 耕地环境质量

从图6.24中可以看出，2016～2017年受污染耕地安全利用率指数得分较低，主要是由于深圳市土壤环境质量详细调查结果和广东省农业厅农用地详查结果尚未正式出台，仅有2016年、2017年、2020年目标3个数据，2016年、2017年受污染耕地安

全利用率尚未达到2020年目标,因此指数得分偏低。单位耕地面积化肥使用量和单位耕地面积农药使用量指数呈逐年上升趋势,主要是由于深圳市单位耕地面积化肥使用量、单位耕地面积农药使用量呈下降态势,2017年已提前完成2020年目标。

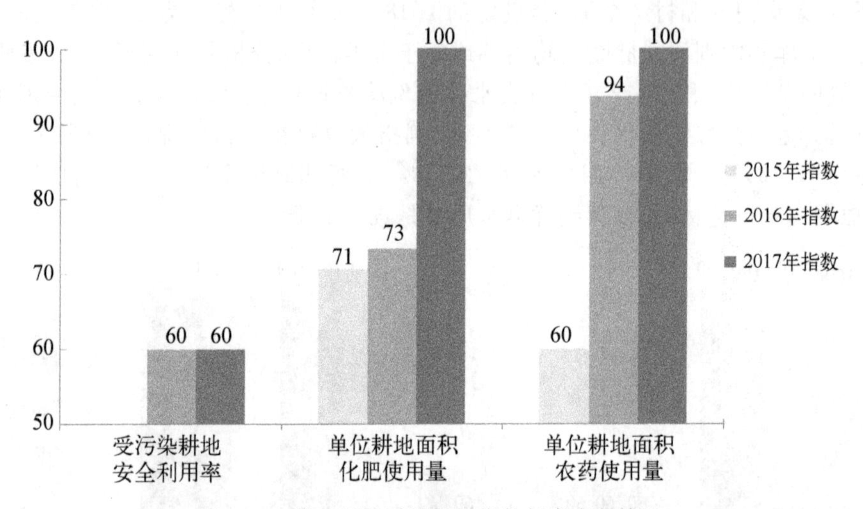

图 6.24　耕地环境质量指标指数年度变化情况

6.2.6　生态保护

6.2.6.1　森林湿地

虽然2016年、2017年深圳市森林覆盖率高于2020年目标,但是从2015年以来,深圳市森林覆盖率呈现快速下降趋势,由2015年的41.52%下降到2016年的40.92%,再下降到2017年的40.04%,导致该项指标指数得分从2015年100下降到2016年89再下降到2017年74,森林覆盖率下降情况值得我们高度警惕。森林蓄积量从2011年272.27万立方米稳步增加到2016年368.43万立方米,2017年后突然掉头下降到323.07万立方米,离2020年380万立方米的目标又更远了,导致森林蓄积量指数呈先升后降。

湿地保护率指数得分较高,2017年更是增加到100,主要原因是深圳市湿地保护率稳步提高,湿地保护成效较为显著。陆域自然保护区面积比例指数一直维持100,主要是深圳市从2013年起,陆域自然保护区面积比例一直维持在11.4%,并未减少,显著高于2011年和2012年7.76%的水平。

2015～2017年造林任务完成率、抚育任务完成率指数均为100,是因为深圳市近几年均100%完成上级下达的造林任务和抚育任务。深圳市森林、湿地等指标指数年度变化情况如图6.25所示。

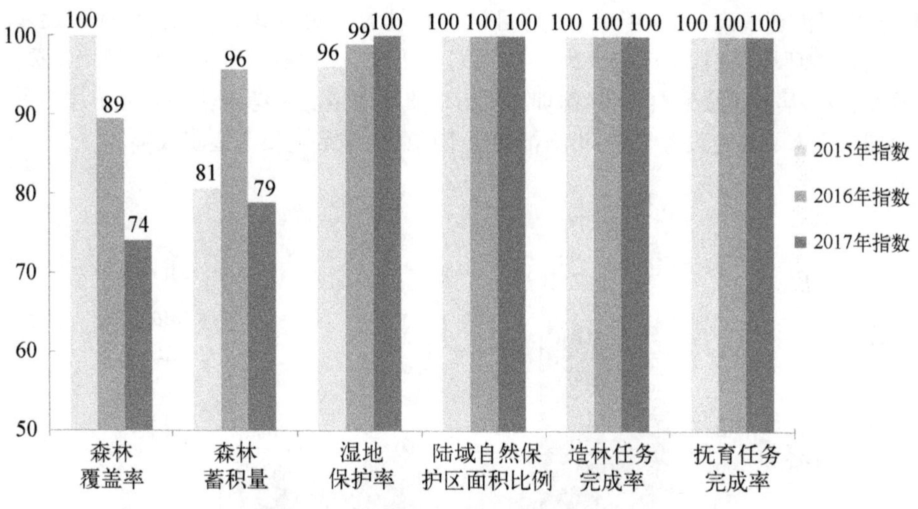

图 6.25　森林湿地指标指数年度变化情况

6.2.6.2　海洋保护

2014 年起，深圳市自然岸线保有率、海洋保护区面积一直稳定保持历年水平，在城市社会经济快速发展的同时，并未牺牲珍贵的海洋资源，因此 2 项指标指数得分均为 100(图 6.26)。

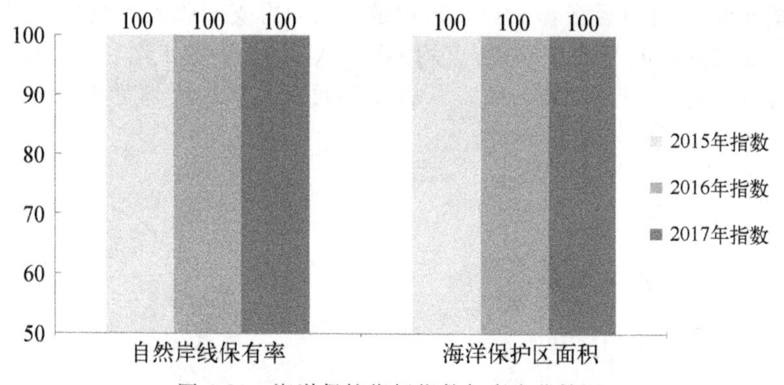

图 6.26　海洋保护指标指数年度变化情况

6.2.6.3　生态修复

2016 年和 2017 年水土流失面积变化率指数得分分别为 100 和 90，表明深圳市近两年水土流失治理取得了较好成效。从图 6.27 中可以看出，近三年矿山恢复治理率指数得分在 60 分左右，主要是深圳市矿山恢复治理工作尚处于起步阶段，2016

年、2017 年治理率离 2020 年 100％的目标还有较大差距。2016 年后，深圳市逐步加大矿山地质环境保护，2017 年 11 月，市规划国土委、市发展改革委、市经贸信息委、市财政委、市人居环境委联合印发《深圳市矿山地质环境恢复和综合治理实施方案》，并纳入深圳市生态文明建设考核中，不断推动全市矿山地质环境质量逐步改善。

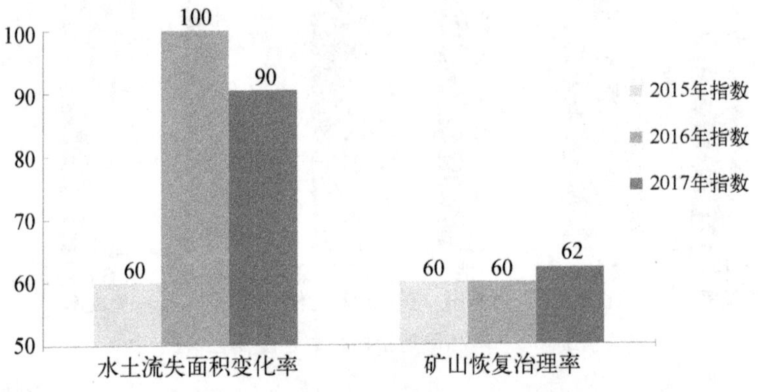

图 6.27　生态修复指标指数年度变化情况

6.2.7　增长质量

6.2.7.1　居民收入

从图 6.28 中可以看出，人均 GDP 和居民人均可支配收入指数稳步提升，表明深圳市居民收入不断提高。其中，人均 GDP 从 2011 年稳步增长了到 2017 年 18 万元左右，提前完成了 2020 年的 17.6 万元的目标。居民人均可支配收入从 2011

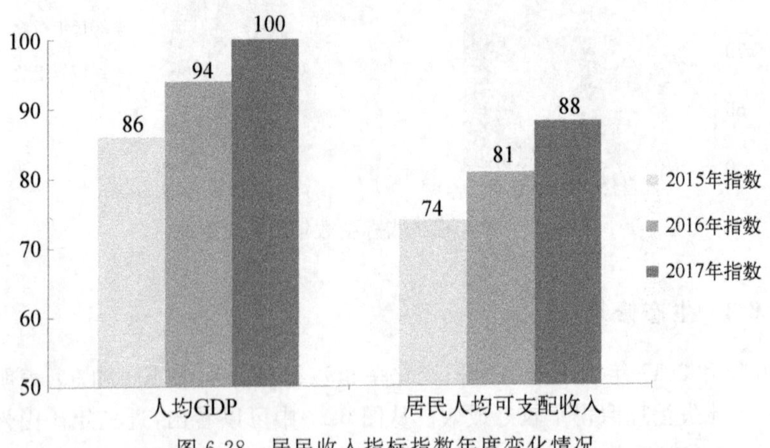

图 6.28　居民收入指标指数年度变化情况

年稳步提高至2017年的5.29万元，按照目标发展态势，能顺利完成2020年6.0万元的目标。

6.2.7.2　产业发展

从图6.29中可以看出，第三产业增加值占GDP比重指数略有下降，主要是由于第三产业增加值占GDP比重从2015年的58.8%下降到了2016年58.6%和58.5%。新兴产业增加值占GDP比重、研究与试验发展经费支出占GDP比重指数稳中有升，其中2017年发展经费支出占GDP比重已提前完成2020年4.25%的目标，表明深圳市研究与试验发展经费支出力度不断加大，产业增长质量不断在提高。

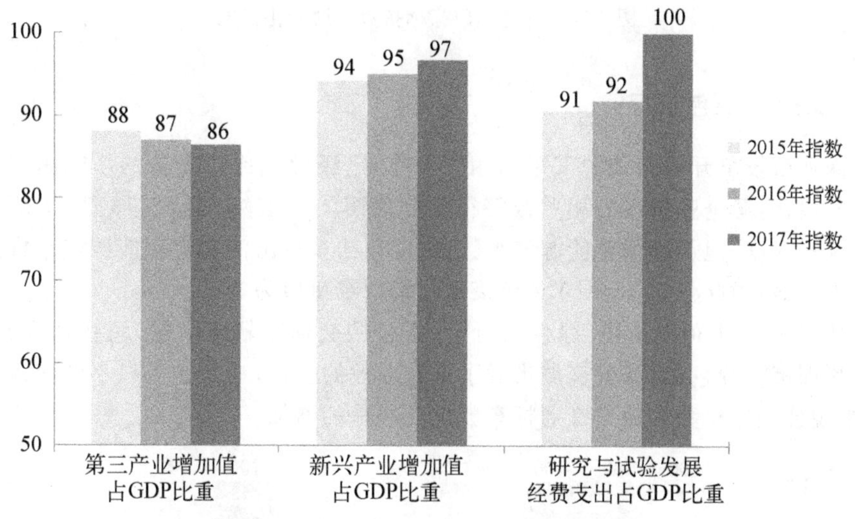

图6.29　产业发展指标指数年度变化情况

6.2.8　绿色生活

6.2.8.1　绿色建筑

从图6.30中可以看出，公共机构人均能耗指数略有上升，且均高于90，表明深圳市公共机构节能降耗取得较好成效。在绿色建筑方面，广东省采用“城镇新建民用建筑中的绿色建筑比重”，深圳市新建民用建筑已全面执行绿色建筑面积，已由最初的普及阶段进入高质量发展阶段，需要大力发展高星级绿色建筑，提升高星级绿色建筑占比，因此市住建局建议修改为“高星级绿色建筑项目占新建建筑比重”。由于2016年后，对绿色建筑星级申报不再做强制要求，新建建筑数据与新申报绿色建筑数据有一定差异，导致该指标指数得分较低。

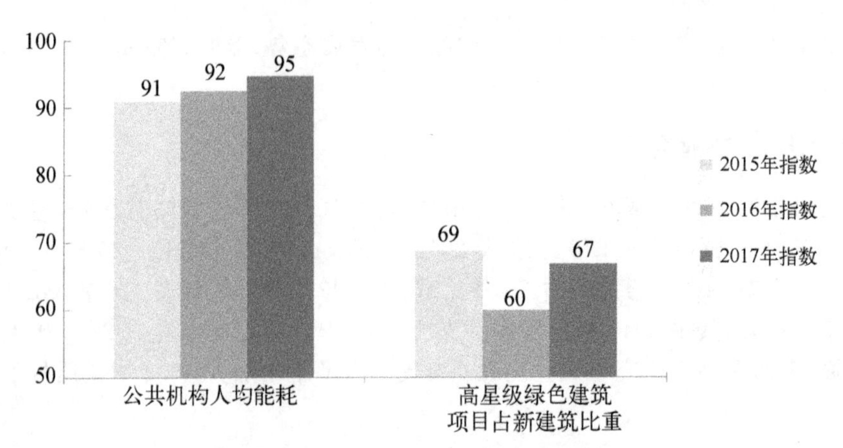

图 6.30 绿色建筑指标指数年度变化情况

6.2.8.2 绿色出行

深圳市较早开展新能源汽车的相关工作，已经形成比较完备的新能源汽车产业链条，新能源企业推广的相关政策得到良好落实。虽然只有 2016、2017 两年新能源汽车数据，但从新增新能源汽车数量分析，初步得出深圳市新能源汽车推广成效较为明显，因此将 2015～2017 年该指标指数都赋值为 100。

从图 6.31 中可以看出，绿色出行(万人公共交通车辆保有量)呈快速上升，主要是深圳市在绿色出行、公交城市做了卓有成效的工作，在常住人口不断流入的同时，常规公交标车数和轨道交通标车数也在快速的增加。

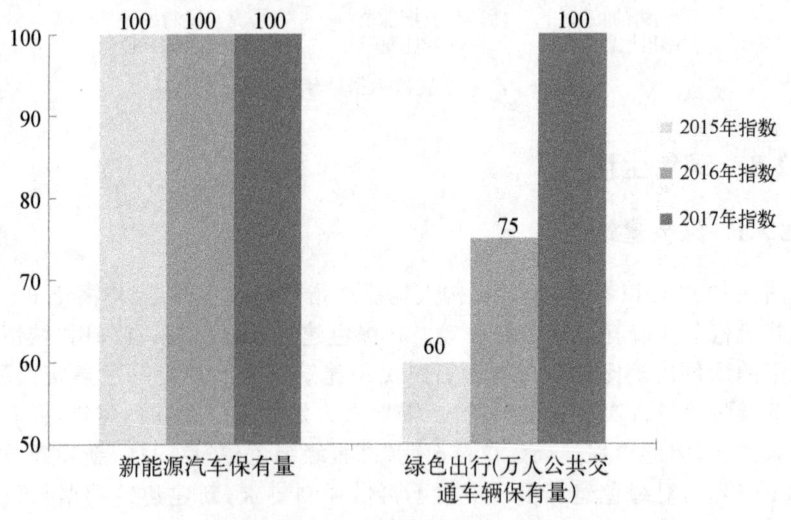

图 6.31 绿色出行指标指数年度变化情况

6.2.8.3 宜居舒适环境

从图 6.32 可以看出，城市建成区绿地率指数从 2015 年 100 略有下降到 2016 年、2017 年的 92，主要是由于 2015 年城市建成区绿地率 39.21%，是 2011 年以来最好水平，2016 年、2017 年下降了 0.01 个百分点。

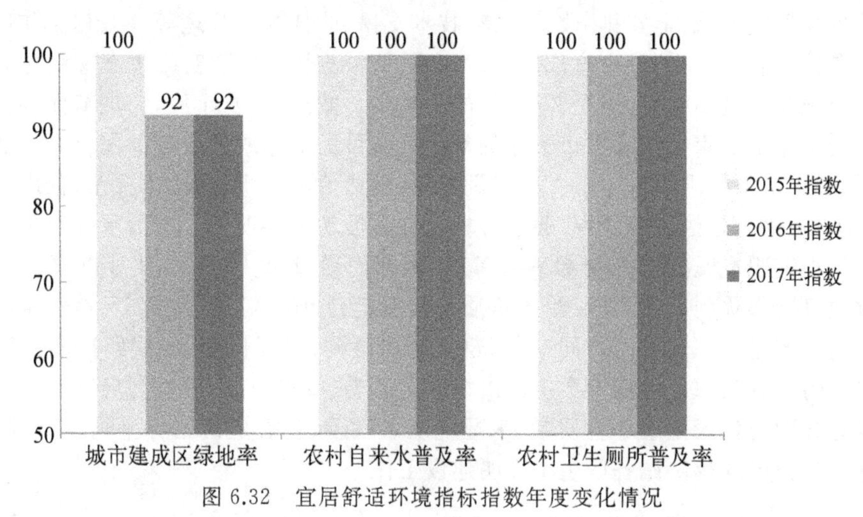

图 6.32 宜居舒适环境指标指数年度变化情况

目前，深圳市自来水、卫生厕所已全面普及，已无农村。但由于广东省对各市进行评价，也用 2 项指标对深圳进行评价，将农村自来水普及率、农村卫生厕所普及率指数均赋值为 100。

6.3 主要成效总结

6.3.1 成为引导、强化各级干部树立生态政绩观的绿色指挥棒

作为保留“一票否决”考核事项的六项考核之一。2014 年度市管领导班子年度考核指标体系中，生态文明建设考核占各区(新区)领导班子年度实绩考核的权重达 20%，超出了“经济发展”等其他指标权重，成为各区党政领导班子实绩考核中的权重最大的指标。2016 年起，将“水环境质量”和“生态资源”两项内容纳入对盐田区和大鹏新区的政府绩效考核。各区均建立了区级生态文明建设考核制度，大鹏新区生态文明建设工作占区管领导班子年度实绩考核比例 30%，为全市最高。各区各部门均制定年度工作方案，优先安排资金，落实各项任务：据不完全统计，龙华 2016 年安排相关经费超过 30 亿元，占财政总支出的 13%左右；宝安 2016 年生态环保投资总额约 110 亿元，占全区 GDP 的 4%，制定相关工作方案 80 余个，

下达任务365项，分解到15个部门和6个街道，并进行督办。国资委成立生态文明建设工作领导小组，将生态文明建设指标纳入企业经营业绩考核范畴，同时推动企业内部将其纳入年度考核重点内容。

6.3.2 促进生态文明建设大格局机制建立和有效运行

将规划统筹、资金安排、政策扶持、技术支撑、监督执法管理等一系列工作内容纳入考核，涵盖了大部分市直部门。2016年市本级财政预算安排生态文明建设事业经费预算超过300亿元，是2007年的8倍多。截至2016年底，深圳节能环保领域创新载体176家。国家省市下达的年度工作目标指标或需要各部门合力开展的工作，牵头单位要求纳入生态文明建设考核，例如治水提质、淘汰黄标车、推广新能源汽车、强化监管执法等任务，通过考核强有力推动了各项工作。治水提质7个专项工作小组职责履行情况全部纳入考核，多部门通过努力，2016年400多个治水提质项目全部顺利启动，完成治水提质总投资超过100亿元，是2015年的4倍左右。南山区建立环保部门协同机制，建立定期协调、调度机制，协调解决实施环保工程中的难点问题。考核方案中提出将市人居委、市水务局、市城管局其中一项考核得分分别与各区生态环境质量、水环境质量改善、生态资源指标平均得分挂钩，市直部门积极统筹协调各区生态文明建设工作。

6.3.3 稳步提升生态环境质量

(1)“深圳蓝”成为深圳市靓丽的名片

2007年起“空气质量优良天数”一直作为重点考核指标之一，考核点位逐步全覆盖；2013年后新增“$PM_{2.5}$污染改善指标”。将大气目标责任书、大气质量提升计划要求纳入考核内容，督促有关部门、重点企业开展工作。深圳市电厂排放达到国际一流标准，车用燃油达到国Ⅴ标准，累计淘汰黄标车及老旧车辆38.2万辆，已有4450余艘次远洋船舶使用低硫燃油。2016年$PM_{2.5}$年均浓度降至27微克/立方米，比2012年下降11微克/立方米，灰霾天数降至27天，比2007年减少126天，6项空气质量指标实现全面达标，2016年全年空气优良天数比例提高至96.7%，深圳蓝成为常态。

(2) 河流水环境质量逐步好转

2007年起“河流平均综合污染指数”一直作为重点考核指标之一，考核断面逐步扩大到全市主要河流和一级支流，2016年后提高权重，考核要求更为严格。将区域水环境综合整治工程全部纳入治污保洁工程考核，并将水目标责任书、水十条等要求纳入考核内容，督促7个部门、3个重点企业开展工作；2010年污染达到峰值后，河流水质整体好转；相比2007年主要河流改善幅度在50%以上。福田河、新洲河、大沙河、龙岗河、西乡河等主要河流消除黑臭现象，部分河流实

现水清岸绿。

（3）水库水质达标率连续多年保持100%

2007年起“集中式饮用水源水质达标率”一直作为重点考核指标之一，并逐步覆盖全市所有水库；单纯考核水质达标情况，各区均可轻松获得满分，但从日常管理来看，仍然存在一些非法养殖、非法排污等活动威胁饮用水安全，2013年新增“饮用水源保护区内污染治理和入库支流水质改善”。从考核结果来看，有多个区由于水源保护区内存在非法养殖和入库支流水质不达标而扣分，通过细化考核内容能够辨识出工作中仍然存在的问题和漏洞，有针对性地开展工作。

（4）居民绿色福利不断增加，裸土地下降显著

2007年起“生态资源指数、生态林及裸土地的变化”一直作为重点考核指标之一，2014年加大了对生态林变化状况和裸土地变化状况的考核。公园建设、林地建设等工作作为城管局生态文明建设考核年度重点内容。通过各区各部门共同努力，居民绿色福利不断增加，2016年公园总数达到921个，成为全国公园最多的城市，建成区绿化覆盖率45.10%，人均公园绿地面积16.45平方米，绿道网长度超过2 400千米，湿地面积为46 832公顷。裸土地从2007年的114.7平方千米下降到2016年的35.4平方千米。生态资源状况指数从2012年后稳中有升。深圳市建设绿道2 400千米，建设里程与密度在珠三角各城市中名列前茅。建成区绿化覆盖率45.1%，森林覆盖率40.92%，建成区绿地率39.2%，人均公园绿地面积16.45平方米，均在国内处于领先水平。

6.3.4　不断提高环境治理水平

治污保洁工程完成情况一直是生态文明建设考核权重最大的指标，将全市生态文明建设工程项目纳入平台，全面强化统筹协调和督查督办，2005～2016年共推动建设工程3 000多项次，完成投资400多亿元。生活污水集中处理率、污水管网、污水处理厂提升改造和排水管网“正本清源”一直作为市水务局、市水务集团、南方水务、北控创投重点考核任务之一，通过多年耕耘，截至2016年底，全市共建成污水管网5 600多千米，污水处理总规模超过500万吨/天，完成小区清源改造3 600多个。2016年将黑臭水体纳入各区和市水务集团考核内容，有效推动了黑臭水体治理，2016年基本完成黑臭水体治理18个，实现“一年初见成效”。建成垃圾无害化处理场8座，处理能力达超过15 000吨/日，生活垃圾无害化处理率多年稳定在100%。环保执法和排查整治是各区和市人居委固定考核内容之一，仅2016年全年共出动环境执法人员2.3万人次，检查企业5 000多家次，发现环境风险300多处，对1 600多宗环境违法行为实施了行政处罚，罚款金额达1.5亿。截至2016年底，调查了全市河流干流及各级支流的水环境状况和近12 000个排水口、4 400家企业，基本摸清了污染源结构和分布。

6.3.5 助推经济发展转型升级

2010年节能目标责任考核和单位GDP水耗纳入生态文明建设考核以来，权重多年保持10分和5分，2011～2016年，万元GDP的能耗、水耗累计下降显著，万元GDP能耗、水耗相当于全国平均水平的60%和1/8，深圳正以更少的资源消耗、更低的环境代价，实现更有质量、更有效益、更可持续的绿色低碳发展。低碳建设和碳排放交易是市发改委、国资委、重点企业考核必考工作，通过考核，有效推进工作，2016年以2.5%的配额实现了全国18.8%的交易量和26.9%的交易额。2007年起污染减排任务作为考核重点指标之一，历年来均保持较高考核权重，"十二五"期间，节能减排成效显著，化学需氧量、二氧化硫、氨氮、氮氧化物累计减排241.6%、189.7%、109.4%、100.1%。各区实绩报告和经信委、人居委落实生态文明建设重点工作中，淘汰落后产作为固定指标之一，在淘汰落后产能方面工作成效显著，2011年以来，累计淘汰低端落后企业2万家，环评执行率达到100%。

2012年以来，绿色建筑建设一直作为各区(权重5分)、住建局、建筑工务署、重点企业的重要考核内容，2014年后建筑废弃物减排与综合利用，通过共同努力，绿色建筑发展质量进一步提升，2016年全市绿色建筑总量超过5000万平方米，绿色建筑建设规模继续位居全国大城市前列；同时，共完成160多个公共建筑节能改造重点城市建设项目，每年可节约电力约1.1亿千瓦时；建筑废弃物综合利用处理能力提升至660多万吨/年。"加强公交都市建设""加大新能源汽车应用推广"是市发改委、市交委、市国资委、地铁集团、巴士集团等重点考核内容，公共交通运载能力进一步提升，公共交通占机动化出行分担率达超过55%，依托公交出行人数日均达1 000万以上；截至2016年底，已投放新能源汽车超过7万辆，深圳市纯电动公交车占比约为94%，纯电动出租车占比约为43%。生活垃圾分类与减量作为各区年度实绩报告和城管局考核内容之一，2016年设置成为独立指标(2～4分)，2016年全市2 000多个住宅小区(城中村)共开展"资源回收日"活动38 800多场次，创建生活垃圾分类和减量达标小区800多个。

6.3.6 有效促进生态空间格局优化

"管控生态控制线内违法开发"和"生态控制线内违法开发整改"两项指标作为各区年度重要考核内容(合计10分)，据相关部门统计，2015年基本生态控制线内违法图斑用地面积与建筑面积下降超过70%。2015年龙华区两项考核指标扣分较多，2016年提高权重作为特色指标，促进龙华区高压打击态势，2016年考核中两项考核中都获得满分成绩。2013年"5·11"暴雨引发了国内外对深圳内涝问题的广泛关注，2014年度考核将"内涝治理"指标纳入考核，同时还加大了水土保持监督落实情况和最终水土保持措施落实的治理效果考核力度，以促进水土保持和城

市内涝治理工作取得实际成效，经过近期几次强台风和强降水的考验，深圳市城市内涝问题改善较为明显。“加强海洋综合管理，优化海陆统筹格局”是每年原市规土委落实生态文明重点工作或专家考核内容之一，通过努力，推动深圳成为全国首个海洋综合管理示范区，形成海洋生态红线初步划定方案，《深圳海洋生态文明建设实施方案》，划定了8类生态红线区域，探索构建深圳市全域生态空间。

6.3.7　搭建公众参与干部评价平台

宜居社区建设工作作为各区必考工作内容之一，通过考核，有效推动了各区积极开展宜居社区和宜居环境范例奖创建，深圳市成为广东省宜居社区和环境范例奖最多的城市，截至2016年，550多个社区获评“广东省宜居社区”，26个项目获评广东省宜居环境范例奖，6个项目获评中国人居环境范例奖。公众满意率2007年纳入考核(5～10分)，2012年又新增生态文明意识(4～6分)，2016年公众满意率相比2008年增长了16个百分点，公众生态文明意识增长了9个百分点，表明市民对深圳市生态环境有效改善认可在不断提升。生态文明制度落实作为各区和各部门重点工作之一，2013～2015年连续三年作为独立指标考核各区(3～4分)，各区积极开展自然资源资产负债表编制和领导干部自然资源资产离任审计，走在全国前列；盐田城市GEP核算体系，获得“中国政府创新最佳实践”奖。考核评审团制度作为深圳市特色制度之一，经过近年不断充实，在2016年度考核方案中已扩大至50人，提供了各单位主要负责人与公众直接面对接触的机会，搭建了沟通交流与检验的平台。

6.3.8　具有典型示范意义和较大影响力

深圳市生态文明建设考核制度具有典型的示范意义，为全国各地建立体现生态文明要求的干部考核机制提供了有益借鉴。厦门等其他城市以及深圳市10个区(新区)在参考借鉴市生态文明建设考核制度基础之上，先后建立了区级生态文明建设考核制度，完善了干部考核评价体系，探索出了生态文明建设考核的“深圳模式”。2015年5月，《深圳市生态文明建设考核与评估机制研究》获得广东省环境保护科学技术奖三等奖。2015年9月，新华社将深圳市生态文明建设考核誉为生态文明“第一考”，同年考核制度获评原环境保护部《环境保护》杂志年度“绿坐标”制度创新奖。2016年3月，国务院发展研究中心特别邀请深圳市相关同志赴北京座谈，深圳的生态文明考核探索为国家探索开展生态文明建设考核工作贡献了宝贵的“第一手”实践经验。2018年，“以刚性的制度设计推进考核落地，引导各级干部树立绿色生态政绩观，打造生态文明建设第一考”获省委改革办发文《关于总结推广深圳生态文明体制改革经验的通知》(粤改办函〔2018〕10号)进行推广宣传。“不断完善生态文明建设目标评价责任与考核制度”作为《中国道路的深圳样本》系列丛书《深圳生态文明建设之路》的改革创新典型案例。《新形势下生态文明建设考核如何发挥新作用》获得生态环保部中国生态文明研究与促进会2018年度生态文明建设调研报告优秀奖。

6.4 主要问题分析

6.4.1 指标设置有待优化

生态文明建设考核指标是被考核单位在履行生态文明建设职责过程中的重要指引。为了在生态文明建设考核中获得良好的成绩,被考核单位会依照考核指标决定工作侧重点。考核指标的遴选是整个考核的重点,也是难点。深圳市生态文明建设考核实践过程中,指标设置有待不断优化与完善,主要包括以下几点。

1. 生态文明建设和考核新目标和要求尚未全面纳入

国家发展改革委、国家统计局、环境保护部等部门制定印发的《绿色发展指标体系》和《生态文明建设考核目标体系》,设置了具体的考核指标体系。其中,二氧化碳排放降低、新增建设用地规模等多项指标尚未纳入深圳市生态文明建设考核中。深圳市印发了《深圳市打好污染防治攻坚战三年行动方案(2018—2020年)》,编写了《深圳市生态文明建设规划(2018—2020年)》(征求意见稿)等生态文明建设相关政策方案,对深圳市今后若干年生态文明建设重点工作进行了部署。其中,包括"部分污染防治攻坚战具体任务""体制机制创新和工作亮点""生态环保投资占财政收入比例""生态文明建设工作占党政实绩考核的比例""生物物种资源保护"主要工作目标任务尚未纳入考核指标体系中。

2. 信访受理、能力建设等突出生态环境问题工作尚未纳入考核

信访受理情况等工作尚未纳入考核。深圳市正处于各类环境问题的多发期,尤其中央环保督察、"利剑行动"等环保专项行动带来的生态环保投诉热潮和效应,2017年环境信访总量仍高达8万多宗,形势较为严峻,处置压力巨大。其中,噪声(66.3%)及废气(26.6%)投诉共占立案处理量的92.9%,为市民主要的投诉对象。预计今后几年,深圳市环境信访量仍将维持在较高态势,不少环境信访问题还会比较突出:一是环境信访总量居高不下。由于深圳市人多地少,发展空间不足,经济发展、城市建设和环境保护之间的矛盾十分突出,市民对生活质量的要求和环境维权的意识较高,导致部分群众对可能影响环境的建设项目"不接受""零容忍"而反复投诉,短期内环境信访总量仍难以下降,处置压力仍较大。二是"邻避"效应扩大及废气污染投诉增多。当前已投入运营或在建的垃圾处理场等"邻避"设施成为公众投诉的热点,废气投诉多为市政设施及餐饮业的油烟气味、企业无组织排放等大气污染,因公众担心对身体健康、环境质量和资产价值等带来诸多负面影响,

面临的投诉也将上升。三是噪声信访难题仍未“破题”。噪声投诉以建筑施工噪声投诉为主，今后还将建设6号线支线、12、13、14、16号等线路，叠加其他商业开发、旧城改造、河道施工等工程建设，在人口密度大的区域进行高强度开发，建筑施工噪声仍面临投诉高发、矛盾突出的困境。目前，深圳市生态文明建设考核未对环境信访进行考核。下一步，在条件成熟的时候，推进环境信访考核，改进环境信访工作考核方式，推动各区各部门把工作重点放在预防和解决突出环境信访问题上，进一步强化各职能部门环境信访处理职责履行情况。

标准化能力建设等工作尚未纳入考核。基层监管执法力量严重不足，2016年深圳市亿元GDP环境执法人数仅0.02人/亿元，远低于0.16人/亿元的全国平均水平和0.04人/亿元的广东省水平。据不完全统计，深圳市在管污染源包括工业企业、市政设施、医院、三产等超过9万个，市区生态环境监管执法部门对生产经营活动中产生的废水、废气、噪声、危险废物、扬尘等污染物实施统一监督管理。全市环境监管执法人员、装备的严重不足与当前环境监管任务重、责任大形成了鲜明对比。近年来，深圳市生态文明建设考核指标中，基本不涵盖生态环保标准化能力建设等考核内容。

3. 对于差异性关注不足

在生态文明建设考核实践过程中，面临的考核对象是千差万别的。地区不同、自然条件不同、发展程度不同等差异都会形成考核对象不同的特点，产生不同的优势和薄弱环节。目前，深圳市各区基础条件差异性较大，市直部门和重点企业工作内容和难易程度也不尽相同。其中，生态环境质量较好，工作基础扎实，例如大鹏新区、盐田区；本底相对较差，工作任务多、难度大，例如宝安区、龙岗区；原关内福田区、罗湖区、南山区和原关外龙华区、坪山区、光明区等在基础、能力建设等方面差异性也较大。2016年度考核方案中对各区尝试差异性考核，每个区设定一个特色指标，2017年度考核方案又调整了回来。在市直部门方面，工作内容多寡和难易程度有较大的差异性。例如市水务局、市水务集团等单位，由于工作任务量多、难度大，部分工作难以按时完成，导致近年来治污保洁工程、生态文明建设重点工作存在不同程度的扣分现象，排名较为靠后。

4. 存在部分重复考核问题

深圳市生态文明建设考核是综合性考核平台，包含了多个指标来源单位负责的考核指标体系，不同指标体系由各部门独立评分。不同指标体系之间存在部分重复考核的现象。例如，被考核单位提出，建议取消污染减排任务完成情况指标中关于大气、水环境内容的考核，该内容的考核已体现在空气质量指标、河流、近岸海域及地下水达标及改善指标和治污保洁工程完成情况指标中；“绿色建筑、装配式建筑建设”和“节能目标责任考核情况”关于绿色建筑和建筑节能存在一定程度的重复考核情况；市直部门重点任务中与治污保洁、污染减排等任务存在一定重复考

核情况。

5. 部分指标主观性较强

深圳市生态文明建设考核指标体系中有部分指标过于宏观或过于专业，在实践操作方面难度较高。一方面一些难以定量的指标，例如市直部门和重点企业部分工作指标，由于较为抽象，没有具体、可量化的标准，考核专家组仅能根据主观感受和自身经验进行判断，因而使得考核的正确性和公正性受到一定影响。另一方面是生态文明建设考核涉及的范围很大，有些相关的指标和工作内容牵涉到的内容专业性强、范围广，有些领域专家并不熟悉和了解。同时，部分指标和考核方式并未经过充分讨论和征求意见。

6. 指标遴选的科学性与公平性矛盾

指标遴选存在全面覆盖与公平(难易程度)之间的矛盾，即部分区、市直部门等被考核对象中由于历史原因、资源禀赋、工作职责的差异，往往导致工作任务差异较大、难度程度不一。例如，地表水水质考核中，宝安区、龙岗区水污染防治责任目标书中涉及工作任务最多，难度也最大，考核得分可能较低。如何在指标内容全面覆盖和考核公平性之间达到均衡是深圳市生态文明建设考核指标遴选的一个重点和难点。同时，这一矛盾还体现在考核目标达标情况和改善情况之间如何均衡。目前，盐田、大鹏等区生态环境基础较好，任务相对少，若考核目标和工作完成情况，这些区往往名列前茅，若加大考核生态环境质量改善情况，由于本底较好，改善难度大，这些区分数将明显低于其他各区。

6.4.2 数据统计核算方法体系不完善

生态文明建设考核机制的有效运行，需要完善、精确的信息数据支撑。目前，深圳市生态文明建设考核数据统计核算制度还不完善，主要表现在：其一，生态文明建设考核和绿色发展评价涉及的范围极其广泛，面临大量而又烦琐的数据问题，需要各项指标的各年度数据，以及各区数据，需要从各部门报送，部分指标涉及多个部门。其二，生态文明建设考核和绿色发展评价数据有部分数据专业性较强，往往需要专业技术人员运用相关的专业设备进行搜集，并且有的数据得出需要花费较长的时间。其三，评价考核中有部分涉及定性指标，例如各部门重点工作内容，实绩报告评审等，不同于定量指标的确定性，定性指标常具有较大的“自由裁量权”，如何既能体现各部门工作成效，又能科学合理的区分是目前遇到的难点。其四，目前部分考核评价涵盖指标及断面等不全面，监测频次不够。

6.4.3 缺少数字化平台

深圳市生态文明建设考核对象包括 40 多个部门，考核内容多样化，涉及生态文明建设工作各个方面，需要收集整理大量考核材料。若今后开展绿色发展年度

评价，需要收集全市和各区 11 个评价对象，每个对象评价指标每年有 50 多项指标及相关材料，若从 2011 年开始收集相关数据，需要收集五千多个数据指标。目前，深圳市考核流程较为烦琐，考核过程中产生大量的纸质材料，纸质浪费较为严重，增加被考核对象负担；信息公开和共享、公众参与、专家全流程参与等机制尚未健全。

通过考核数字化平台，考核领导小组可以提前了解考核进展及结果等信息，提升决策效率。考核办等和指标提供单位可以全面跟踪生态文明建设推进情况，明确生态文明建设短板指标、难点问题，对症下药。被考核单位可以通过平台提交考核佐证材料、工作实绩报告等，减少纸质报送材料，缩短材料报送时间，提升考核的实时性，同时通过数据共享，可以了解跟踪本单位工作进展、排名、问题、其他单位经验借鉴等，有效推进各项工作。考核第三方服务单位可以通过平台及时更新指标数据、计算指标得分、审核佐证材料、公布督查等。

6.4.4 考核主体、对象覆盖不全面

在考核机构方面，一般其他省市均有多个相关部门共同组织实施。广东省生态文明建设目标考核工作由省发改委、省环保厅、省委组织部、省经信委、省财政厅、省国土厅、省住建厅、省水利厅、省林业厅、省海洋渔业厅、省统计局、省气象局等多个部门组织实施。目前，深圳市考核机构有考核领导小组和办公室，主要由市委组织部、市发改委、市规划和自然资源局、市生态环境局、市统计局等部门组成。而城管、住建等作为深圳市环境卫生、园林绿化、绿色建筑、宜居社区建设等行政主管部门，在生态文明建设考核中承担着垃圾分类与处理、公园绿化、绿色建筑推广、建筑废弃物利用、宜居社区创建等十分重要的任务，但是并不是考核领导小组成员单位和考核办成员单位。

在考核专家组方面，目前，深圳市生态文明建设考核由考核办组建专家组，一般由 5～7 名专家组成。由于生态文明建设考核涉及面十分广泛，涉及发改委、国土、水务、环保、城管、住建等多个部门多项工作任务职责，考核专家数量较少且主要集中在生态环保等领域，专家对部分业务工作的不熟悉，往往影响评分，一定程度上限制了考核的公正公平性。生态文明建设考核专家库应不断吸纳补充各行业、各专业领域的优秀专家，持续提升生态文明建设考核水平。

在考核对象方面，贵阳市目前开展的环境保护目标考核对象包括 10 个区(市、县)、4 个开发区和 99 家市直部门、13 家市管企业，考核对象均需签订生态文明示范城市建设目标责任书，生态文明建设考核结果与各级各部门工作绩效紧密挂钩。厦门市制定了《厦门市生态文明建设目标评价考核办法》，根据该考核办法，厦门将对全市 6 个区的党委政府，以及 45 个与生态文明建设相关的市直部门、省部属驻厦单位和市属国有企业的生态文明建设目标，实行评价考核。《深圳市生态环境保

护工作责任清单》第二章到第四章中分别明确和细化 6 个市委部门、20 多个市政府部门，以及多个驻深单位和市法院、检察院的具体生态环保工作责任。深圳市生态文明建设考核对象包括 11 个区(含新区、合作区)、18 个市直部门和 12 个重点企业，共 41 家单位。贵阳市等其他省市考核对象更为齐全，覆盖范围更广。深圳市生态文明建设考核对象尚未完全包括具有生态环保工作责任的相关部门和重点企业，例如机关事务工作管理部门、深投控等重点企业。

6.4.5　考核结果约束激励作用不足

深圳市生态文明建设考核办法对奖惩两方面都做出了相应的规定，但在实际操作过程中，其考核结果的激励作用不够，还没有达到对干部政治前途应有的影响程度，奖惩政策的施行的力度都有一定操作空间，容易形成奖励不到位，惩罚走过场的赏罚不明的结果。《中国经济信息》文章明确指出，环保绩效考核，只是表面上喊得凶，实则不过是走形式、摆样子，并无实质性进展；同时指出，所有实行环保绩效考核的地方，其党政领导全部都是“合格”“优秀”，没有一个被亮“黄牌”、更没有被“红牌”罚下就是有力的证明。目前，深圳市生态文明建设考核结果应用也不同程度有相似情况。同时，生态文明建设工作任务重，压力大，正向激励少，一定程度上导致基层工作人员身心疲惫。

6.4.6　考核信息公开和透明度不高

在实际工作中，生态文明建设考核信息的公开和共享程度不高，生态文明建设考核信息规范化制度缺乏，对于公开的方式、范围、效率都缺乏明确的规定，一定程度导致信息公开力度较小，公开内容不全面等问题。另外，深圳市尚未建立相关的生态文明建设考核平台和宣传窗口。

在考核过程透明度方面，指标的设置、数据的获取、分值的计算、结果的确定与公布等各个环节缺乏相应的透明度。以考核结果为例，深圳市考核结果只进行了内部公布，各单位仅知道自己的得分，不清楚排名，不利于被考核对象找差距，发现问题。考核结果运用处在一个较为封闭的状态，不能得到社会公众的监督，可能造成一定程度上不公平事件的发生。

7 新形势下生态文明建设
考核制度优化建议

7.1 形 势 解 析

7.1.1 国家生态文明建设发展形势

我国正面临“生态环境”和“发展”的双重挑战，经济发展、社会进步、生活富裕的同时，人民对蓝天白云、碧水青山和优美生态环境的追求更加迫切。生态兴则文明兴，建设生态文明，关系国家未来，关系人民福祉，关系中华民族永续发展。十八大以来，党和国家对共产党执政规律、社会主义建设规律、人类社会发展规律认识不断深化，以习近平同志为核心的党中央站在坚持和发展中国特色社会主义、实现中华民族伟大复兴的中国梦的战略高度，提出了一系列新理念、新思想、新战略和新要求，系统形成了习近平生态文明思想；“生态文明建设”“绿色发展”“美丽中国”写进党章和宪法，成为全党的意志、国家的意志和全民的共同行动。习近平生态文明思想成为新时代生态文明建设的根本遵循，指导推动我国生态环境保护和生态文明建设发生了历史性、转折性、全局性变化，取得了历史性成就。

7.1.1.1 十九大：建设生态文明是中华民族永续发展的千年大计

党的十九大报告不仅为中华民族伟大复兴的中国梦描绘了一幅宏伟蓝图，而且为实现这一蓝图提出了一系列新思想、新论断、新提法、新举措。作为中国梦的一个重要组成部分，“美丽中国”的生态文明建设目标在党的十八大第一次被写进了政治报告，我国生态文明建设在理论思考和实践举措上均有了重大创新。报告明确提出了“要创造更多物质财富和精神财富以满足人民日益增长的美好生活需要，也要提供更多优质生态产品以满足人民日益增长的优美生态环境需要”。这事实上就把生态文明建设明确地列入了我们党“不忘初心、牢记使命”的宏伟蓝图中。生态文明建设功在当代、利在千秋。我们要牢固树立社会主义生态文明观，推动形成人与自然和谐发展现代化建设新格局，为保护生态环境做出我们这代人的努力。

7.1.1.2 党和国家机构改革：国家生态环境保护顶层设计重大调整

2018 年 3 月，根据国务院机构改革方案，将原环境保护部的职责，国家发改委的应对气候变化和减排职责，国土资源部的监督防止地下水污染职责，水利部的编制水功能区划、排污口设置管理、流域水环境保护职责，农业部的监督指导农业面源污染治理职责，国家海洋局的海洋环境保护职责，国务院南水北调工程建设委员会办公室的南水北调工程项目环境保护职责都进行了整合，统一组建成生态环境部，作为国务院组成部门。生态环境部的成立有力解决了我国生态环境领域长期存在的九龙治水、多头治理及所有者与监管者职责不清晰等问题，理顺了生态文明管理体制机制，生态文明建设翻开了历史性的一页。生态环境部主要职责是，制定并组织实施生态环境政策、规划和标准，统一负责生态环境监测和执法工作，监督管理污染防治、核与辐射安全，组织开展中央环境保护督察等。生态环境部将在很大程度上改善此前部门职能重叠造成的资源浪费，减少出现监管死角和盲区，集中力量加大生态环境执法力度和污染整治力度。

7.1.1.3　全国生态环保大会：正式确立习近平生态文明思想

2018年5月19日习近平总书记站在党和国家事业发展全局高度，在全国生态环境保护大会发表重要讲话，是继党的十九大报告深刻论述了生态文明建设之后，对生态文明思想全面、系统、深刻、科学的阐释，是习近平总书记关于生态文明思想的最新、最集中的体现。会议提出了实现美丽中国的两个阶段性目标：到2035年，生态环境质量实现根本好转，美丽中国目标基本实现；到21世纪中叶，建成美丽中国。指明新时代推进生态文明建设方向的“六项原则”：人与自然和谐共生的科学自然观、绿水青山就是金山银山的绿色发展观、良好的生态环境是最普惠的民生福祉的基本民生观、山水林田湖草是生命共同体的整体系统观、用最严格制度最严密法治保护生态环境的严密法治观、共谋全球生态文明建设的共赢全球观。具体部署加快建立健全“五大体系”，包括生态文化体系、生态经济体系、目标责任体系、生态文明制度体系和生态安全体系在内的生态文明体系。

习近平生态文明思想是习近平新时代中国特色社会主义思想的有机组成部分，深刻回答了为什么建设生态文明、建设什么样的生态文明、怎样建设生态文明的重大理论和实践问题，进一步丰富和发展了马克思主义关于人和自然关系的思想，深化了我们党对社会主义建设规律的认识，为建设美丽中国、实现中华民族永续发展提供了根本遵循。在“五位一体”总体布局中生态文明建设是其中一位，在新时代坚持和发展中国特色社会主义基本方略中坚持人与自然和谐共生是其中一条基本方略，在新发展理念中绿色是其中一大理念，在三大攻坚战中污染防治是其中一大攻坚战。这“四个一”体现了我们党对生态文明建设规律的把握，体现了生态文明建设在新时代党和国家事业发展中的地位，体现了党对建设生态文明的部署和要求。

7.1.2 国家生态文明建设考核形势

十八大以来,党和国家明确将加快推进生态文明体制改革,推进生态文明制度体系建设作为美丽中国建设的可靠保障。十八大报告明确要求"把资源消耗、环境损害、生态效益纳入经济社会发展评价体系,建立体现生态文明要求的目标体系、考核办法、奖惩机制。"习近平生态文明思想要求树立"用最严格制度最严密法治保护生态环境"的法治观,构建"以治理体系和治理能力现代化为保障的生态文明制度体系",加快制度创新,强化制度执行,让制度成为刚性的约束和不可触碰的高压线,从而确保生态文明建设决策部署落地生根见效。具体到干部考核评价方面,要求"坚决维护党中央权威和集中统一领导,坚决担负起生态文明建设的政治责任。"地方各级党委和政府主要领导是生态环境保护第一责任人,各相关部门要"守土有责、守土尽责,分工协作、共同发力",要建立科学合理的考核评价体系和追责制度,要建设一支生态环境保护铁军。完善考核制度,科学制定考核目标,严格实施考核,坚决杜绝"层层加码""数字环保""口号环保""形象环保"。打好排查、交办、核查、约谈、专项督察组合拳,对贯彻落实党中央、国务院生态文明建设和生态环境保护决策部署不坚决不彻底、生态文明建设和生态环境保护责任制执行不到位、污染防治攻坚任务完成严重滞后、区域生态环境问题突出的地方和部门依法严格问责。

7.1.3 深圳生态文明建设形势

当前及今后一段时期,是深圳市迈向粤港澳大湾区核心引擎建设的历史起步期,是深圳市生态环境保护工作继承和发展人居环境保护与建设工作,迈向新时期生态文明建设大格局的战略转型期。深圳市生态文明建设工作职能、内涵、体制机制等都将在习近平生态文明思想的指引下,在党和国家生态环境保护体制改革大局中,在粤港澳大湾区生态环境保护与建设的大格局下,在全市建设中国特色社会主义先行示范区和创建社会主义现代化强国的城市范例的战略部署下,发生前所未有的深刻变革。

7.1.3.1 率先贯彻落实党和国家的重要部署

习近平生态文明思想的提出,深刻地回答了"为什么建设生态文明""建设怎么样的生态文明""怎样建设生态文明"等重大理论和实践问题,是习近平新时代中国特色社会主义思想的重要组成部分和核心内涵,也是深圳市当前及今后一段时期建设生态文明的根本遵循。在改革开放40周年之际,习近平总书记亲临深圳视察时特别强调,深入抓好生态文明建设,统筹山水林田湖草系统治理,深化同香港、澳门生态环保合作,加强同邻近省份开展污染联防联治协作,补上生态欠账。

中共中央、国务院印发了《粤港澳大湾区发展规划纲要》，对粤港澳大湾区的战略定位、发展目标、空间布局等方面作了全面规划，引领和推动当前经济总量超过10万亿元人民币的粤港澳大湾区坚持新发展理念，深化内地与港澳环保合作，放大“一国两制”红利，建设富有环境竞争力的一流湾区和世界级城市群，打造高质量发展的典范、宜居宜业宜游的优质生活圈。《粤港澳大湾区发展规划纲要》等一系列文件颁布实施，意味着当前直到2035年，深圳市生态文明建设工作都将在大湾区建设大局中推进。

7.1.3.2 全面落实深圳市委市政府的发展要求

十九大以来，深圳市委市政府将学习宣传贯彻习近平总书记重要讲话精神作为全市头等大事和首要政治任务，努力在实现“四个走在全国前列”上走在最前列，朝着建设中国特色社会主义先行示范区的方向前行，努力创建社会主义现代化强国的城市范例，把深圳建设成为展示我国改革开放成就和国际社会观察我国改革开放的重要窗口。具体到生态文明领域，要加快形成绿色发展的体制机制，发展绿色低碳循环经济，提高绿色发展水平，率先实现国际一流的城市生态环境，率先构建现代化、国际化的生态环境治理体系。

7.1.3.3 有效适应生态环境保护体制改革的总体形势

党和国家机构改革后，深圳市生态环境工作体系自2009年大部制改革以后，实现了又一次深刻变革，全面对接国家生态环境保护改革和运行要求，从人居环境保护与建设向生态环境保护转型，工作职能、内涵、体制机制等都需要不断完善。到2020年有望率先构建起与全面小康相适应的生态环境质量，实现生态环境质量的全面改善，但对标国际一流湾区环境要求，仍然存在一系列短板和问题。

7.1.4 深圳生态文明建设考核工作形势

近年来，深圳市委市政府对贯彻落实习近平生态文明思想和国家、广东省生态文明建设工作部署保持高度的政治自觉，坚持不懈打造深圳质量、深圳标准，坚持质量引领、创新驱动、转型升级、绿色低碳的发展路径，率先提出环境就是生产力和竞争力，通过生态文明建设考核推动了大气、水、土壤、固体废物污染防治等一系列专项行动计划，促进了经济发展与环境保护的良性互动，实现了经济质量和生态质量“双提升”。深圳作为改革开放的排头兵，要始终走在改革的最前列，要从贯彻落实党的十九大精神的政治高度，充分认识生态文明建设的重要性、紧迫性，充分用好生态文明建设考核这个重要的导向，扎实落实中央环保督察“回头看”整改任务，

全力以赴打好污染防治攻坚战部署，不断提高生态环境质量，打好生态文明建设持久战。

7.1.4.1 习近平生态文明思想引领工作新形势

生态文明制度体系是新时代开展生态环境保护和生态文明建设的保障。习近平总书记在全国生态环境保护大会上强调，“要加快构建生态文明体系，加快建立健全以治理体系和治理能力现代化为保障的生态文明制度体系”。党的十八届三中全会以来，体现“源头严防、过程严管、后果严惩”思路的生态文明制度的“四梁八柱”基本形成，改革落实全面铺开。考核评价体系作为落实生态文明建设责任的重要保障，将发挥更加重要的作用。

7.1.4.2 生态环境保护督察常态化推动责任落实

开展生态环境保护督察，是党中央、国务院推进生态文明建设的一项重大制度安排。从约谈、通报到问责，我国生态环境保护督察工作正在不断深入且始终保持在高压运行态势。专项督察与现有的中央生态环境保护督察、省级生态环境保护督察一起，构成了具有中国特色的多层次、多级别的生态环境保护督察体系，通过对地方常抓不懈地督察整改，进一步增强了生态环境保护督察高压态势，提升了地方党委政府生态环境保护责任意识，更好地督促地方落实“党政同责”和“一岗双责”。同时，通过督察，一批长期难以解决的生态环境问题得到解决，一批长期想办而未办的事项得以落实，中央生态环境保护督察不仅进一步压实了党政领导干部的生态环境保护与建设责任，也切实推动解决了一大批突出生态环境问题，成为打好污染防治攻坚战、推动生态文明建设的重要手段。如何将上级生态环境保护督察反馈意见和工作部署全面有效落实到位，推动各区各部门和重点企业积极履行生态文明建设工作职责，需要不断完善与之匹配的生态文明建设考核制度。

7.1.4.3 “目标导向”倒逼机制改革落地

近几年，深圳市陆续发布了《深圳市突出环境问题整改工作方案（2017—2020年）》（深办字〔2017〕3 号）、《深圳市可持续发展规划（2017—2030 年）》（深府〔2018〕27 号）、《深圳市打好污染防治攻坚战三年行动方案（2018—2020 年）》（深办发〔2018〕31 号）、《深圳市生态环境保护工作责任清单》等重要政策文件，提出在生态文明建设上先行示范的战略部署，对 2020 年等阶段性目标提出了具体要求，并将重点工作任务、责任落实分解，压实到各区、具体部门和相关重点企业，各司其职共同推进生态文明建设工作。如何完成各项目标，需要充分发挥生态文明建设考核的目标导向、激励和约束作用，落实各方责任，以考核加快推进体制机制改革落地，进一步促进污染防治攻坚战顺利推进、人民群众满意率不断提升。

7.2 面临的挑战

7.2.1 生态文明建设工作面临挑战

未来一段时期，深圳市社会经济发展仍然将在高位运行且进一步增长，生态文明建设工作仍将面临巨大的源头发展压力，快速工业化、城市化的历史问题尚未解决，仍将面临生态环境质量改善不均衡的现实问题，仍将面临环境治理能力和治理体系相对不足的约束，对标国际一流任重道远，生态文明建设工作仍面临诸多挑战。

2018 年深圳经济总量已超过香港，持续高速增长给城市生态环境带来的压力日益增大，污染物排放总量高位运行，环境承载逼近极限；工业污染源集中处置、集中管理水平不高，“小散乱污”企业监管长效机制还有待完善。生态环境质量改善不均，黑臭水体已基本消除，交界断面水质达标接近实现，但污水处理设施特别是污水管网缺口仍然较大，未来保持长治久清压力较大；大气污染治理成效显著，但与国际一流城市仍存在较大差距，臭氧、VOCs、港口码头等大气污染源治理任重道远；生活垃圾、污泥、医疗废物、危险废物等处理处置规模难以满足未来日益增长的城市人口需求；城市化的持续推进，给生态用地保护带来极大压力。生态环境问题进入集中爆发期，生态环境质量改善速度滞后于群众对优美生态环境诉求的增长，生态文明仍然是社会矛盾集中的领域；信息化建设滞后，难以支持规范精细管理需求；体制改革已经进入“深水区”，生态环境保护领域的体制机制改革面临一系列硬骨头，需要以更强的决心和更大的力度来深化改革。

7.2.2 生态文明建设考核面临挑战

2016 年以来，中央、广东省陆续出台了生态文明建设目标评价考核相关办法和指标体系，对生态文明建设目标评价考核提出具体部署，每年对各地区开展一次生态文明建设目标评估，五年对各地区开展一次生态文明建设考核。自上而下的生态文明建设目标评价考核全面实施。

《2016 年广东省生态文明建设年度评价结果公报》显示，深圳市绿色发展指数 84.68，广东省排名第一。通过绿色指数结果和排名比较可知，深圳市与其他城市未拉开差距，优势并不明显。排名第二是梅州(84.65 分)，与深圳市仅相差 0.03 分，得分超过 80 分的有 15 个城市，差距较小。同时，深圳市环境质量指数、生态保护指数排名较为靠后，其中环境质量指数得分仅 78.40，而该指数最高得分为河源市(98.12 分)，90 分以上的城市有 10 个，差距明显。通过收集深圳市、广东省内其他地级市及广东省平均相关指标，通过横向比较，地表水达到或好于Ⅲ类水体比

例、地表水劣V类水体比例、重要江河湖泊水功能区水质达标率、近岸海域水质优良(一、二类)比例、森林覆盖率、森林蓄积量、新增矿山恢复治理面积、湿地保护率等指标排名靠后,能源消费总量下降率、人均GDP增长率、耕地保有量增长率、人均新增建设用地面积、单位GDP建设用地面积降低率、4项污染物降低率、海洋保护区面积增长率、公共机构人均能耗降低率等多项指标在排名中存在较大不确定性。通过测算分析,《广东省生态文明建设考核目标体系》中,深圳市得分较低或完成任务具有较大不确定的指标主要有能源消费总量、地表水劣V类水体比例、森林覆盖率、森林蓄积量、湿地保护率、氨氮、氮氧化物总量减少完成情况(超额完成比例较其他城市小)等7项指标。

在新的考核形势下,深圳市生态文明建设考核工作还任重而道远。如何紧跟国家和广东省生态文明建设目标评价考核的形势和最新要求,及时优化调整深圳市的生态文明建设考核制度,完善考核指标体系,做好"对上迎考,对下考核"工作,查短板、找差距、抓整改,充分发挥生态文明建设考核丰富经验,力争取得优异的结果是深圳市面临的一个重要挑战。如何继续保持生态文明建设考核的引领示范效应,体现深圳特色,为其他地区提供可借鉴、可复制的样板和经验,是深圳市迎接的一个更高挑战。

7.3 优化建议

深圳生态文明建设考核因改革而生,在实践中完善。随着污染防治攻坚战的打响,生态文明建设工作的不断深入,需要按照习近平生态文明思想和习近平总书记对广东、深圳重要指示批示精神,围绕生态文明建设和污染防治攻坚战,创新考核制度,提升考核平台,使考核工作与时俱进、富有成效,在新形势下继续发挥"绿色指挥棒"作用,引领绿色发展更上台阶,进一步发挥生态文明建设考核刚性和弹性兼具的优势,通过考核分解任务工期、压实目标责任,扎实推动污染防治攻坚目标圆满完成。

7.3.1 考核制度优化

根据考核形势要求和生态文明建设工作实际,以系统化思维升级完善现有考核制度,从全面提升生态环境保护系统治理水平、助力污染防治攻坚战的角度开展全过程考核。广东省实行生态文明建设目标年度评价、五年考核,同时保留广东省环境保护责任暨污染防治攻坚战考核。考虑到深圳市现有生态文明建设考核制度是包涵多个专项考核的综合性考核平台,已稳定运行多年,运转良好、执行高效,具有较好的权威性和可接受度,不宜新增新的考核制度。以现有考核制度为基础,将相关制度和要求整合为一项综合考核平台,即"一个平台,两项考核":"一个平台"

即坚持深圳市生态文明建设考核工作平台，“两项考核”包括对上承接广东省生态文明建设目标评价考核，对市级部门及各区生态文明建设水平进行评价考核。“一个平台，两项考核”便捷顺畅落实上级考核的同时，可以较好保持原有制度的连续性、稳定性，以保障后续工作的顺利开展。广东省生态文明建设目标评价考核实行党政一把手负总责考核制，深圳市生态文明建设考核领导小组应由市委、市政府主要领导担任考核领导小组组长、副组长。在考核领导小组和考核办成员单位中，纳入城管、住建、经信等职能部门。同时，不断优化考核专家结构，逐步扩大经济社会、城市规划与建设、资源能源等专家比例。

在保留现有年度考核制度的基础上，采取评价和考核相结合的方式，评价重在引导，考核重在约束。评价重点评估全市及各区上一年度生态文明建设进展总体情况，引导全市及各区落实生态文明建设相关工作，每年开展1次。考核主要考查各区、市直部门和重点企业生态文明建设重点目标和工作任务完成情况，强化各区党委政府生态文明建设的主体责任，市直部门和重点企业的生态环保责任落实，督促自觉推进生态文明建设，每年开展1次。

被考核对象方面，在保留现有各区、市直部门、重点企业的基础之上，结合上级考核、上级督查、生态环境保护工作责任清单涉及的部门和企业，逐步扩大考核范围。优先将国企、央企深圳分公司(填埋场焚烧场运行单位以及市民投诉较多企业为重点)、海事局等部门企业纳入考核。在条件成熟时，将深汕合作区作为区一级全面考核。针对生态文明建设工作任务相对较少的单位，归集为考核观察对象，仅评价年度工作成效和典型案例，不纳入排名。

考核结果及应用方面，为体现更加公正公开透明，进一步明确考核办会同相关指标来源单位和复核申请单位进行研究核实。现有制度将考核结果分为优秀、合格和不合格3个等级，由于优秀名额较少，工作成效显著的单位考核结果仅为“合格”，与工作成效不相符。借鉴上级考核办法的结果等级划分，将考核结果分为优秀、良好、合格和不合格4个等级。考核结果既要引起市委市政府、特别是纪检监察机关的重视，也要与全市绩效考核充分对接，同时探索考核结果与生态补偿挂钩，建立考核结果为依据开展生态环境引导资金分配机制。生态文明建设考核结果的运用，应该是鼓励成功、宽容失败，考核办和行业主管部门要加大对考核问题较多单位的帮扶力度，协助诊断问题，查找原因，提出改进问题的建议与对策，提供帮助，最终实现先进与落后一起进步。同时，还需要发挥干部考核正面激励作用。2018年，深圳市委组织部针对黑臭水体治理工作，专门制定了干部专项考核方案，目的就是通过考核关注和发现表现突出、能够担当、敢打硬仗、攻坚克难的优秀干部。生态文明建设同样也需要建立多样表彰激励机制，例如探索设置大气污染防治、河流污染防治、生态保护等专项考核奖，大力表彰在生态文明建设做出突出贡献的集体和个人，总结成效经验，树立标杆典型，对于进一步坚定推进生态文

明建设的信心和决心,激发各部门和广大干部群众的积极性、主动性与创造性,全方位推进绿色发展,将起到重要的示范和引领作用。

在引导公众参与方面,考核指标增加生态环境保护投诉处理满意度、特色宣传教育活动内容。鼓励市民对考核任务和项目清单进行补充,评选生态文明建设考核典型工程和案例,作为公众参与示范窗口。建立考核公众号等平台(包括最新资讯、参与互动等功能),对考核结果、重点项目清单进行公示,鼓励市民监督,并探索开通考核举报渠道。制定评审团居民代表选取办法,加大媒体和非政府组织参与力度。

7.3.2 考核指标优化

评价考核指标设计上,既要跟进形势要求衔接上级指标,也要符合城市发展规律突出特色指标;既要考核存量,也要考核增量;既要考虑眼前达标情况,也要考虑长远工作导向。重点建立健全年度评价、年度考核指标体系。

1. 年度评价指标体系

参照上级年度评价方式,对各区开展年度评价,主要评估各区资源利用、环境治理、环境质量、生态保护、增长质量、绿色生活、公众满意度等方面的变化趋势和动态进展,生成各区绿色发展指数。在具体指标体系方面,建议删除“农作物秸秆综合利用率”“城市污水处理率”“海洋保护区面积”“新能源汽车保有量”“农村自来水普及率”等指标,新增“功能区噪声达标率”“生态资源状况指数”“裸土地面积比例”“建成区中海绵城市达标面积比例”“高星级绿色建筑项目比重”“宜居社区比例”“生活垃圾分类达标小区覆盖率”“公众生态文明意识”等深圳特色指标。

广东省绿色发展年度评价是以各地市横向比较计算得出各城市绿色发展指数,虽然可以反映水平差距,但资源禀赋不同,部分指标短时间内难有明显改善。在开展各区年度评价基础上,对市一级开展纵向比较评价,一是可以反映出深圳市历年来各项指标变化情况及存在问题,二是反映出与2020年目标的完成情况和差距情况,有利于找出薄弱环节或问题,与广东省横向比较形成互补。为提高可比性,评价指标基本参照广东省绿色发展指标体系,结合深圳市实际情况,仅对部分指标进行微调,将“新增矿山恢复治理面积”和“城镇新建民用建筑中的绿色建筑比重”等指标调整为“矿山恢复治理率”“高星级绿色建筑项目占新建建筑比重”。

2. 年度考核指标体系

年度考核方案在原有基础上全方位对接上级相关考核指标,根据《广东省生态文明建设考核目标体系》等要求,全覆盖上级考核点位、目标、任务,增加“新增建设用地规模”“五年规划期结束次年,实绩报告还应包括五年总结及对照广东省生态文明建设考核目标体系相应指标完成情况的自查报告”等指标内容,用考核平台推动上级考核指标全面达标。同时,保留深圳市已有治污保洁工程、黑臭水体改善、

海绵城市建设、绿色建筑、实绩报告等地方特色指标，全面对接重点工作，推动落实全市生态文明建设各项工作。突出考核目标导向性，优化考核目标设置，考核周期涵盖源头、过程、结果及责任追究全过程。紧紧围绕碧水攻坚、蓝天保卫、净土防御“三大战役”，着眼于加强生态红线管控，完善自然保护地和自然资源开发监督管理等一系列制度，新增“污染防治攻坚战”指标，逐步将“无废城市建设”、深圳在粤港澳大湾区生态文明建设工作任务、体制机制改革、环境信访投诉满意情况、信息公开等任务纳入考核。为减少基层考核负担，突出重点，对考核指标实行“有进有出”，考核常年普遍高分甚至满分或已较好完成工作任务的，应逐步剔除。

7.3.3 考核方式优化

按照上下一致原则，各区绿色发展评价主要参照广东省绿色发展评价方式，各区一级指标权重与广东省一致(资源利用权重 29.3%、环境治理 16.5%、环境质量 19.3%、生态保护 16.5%、增长质量 9.2%、绿色生活 9.2%)，二级指标权重确定方法与广东省一致，即将二级指标框架中分为三类，权重之比为 3∶2∶1 计算。市一级绿色发展评价方式方面，为保持可比较性，每个指标的权重与广东省保持一致，开展纵向比较，选择 2011 年～当年度及 2020 年目标值。

针对新要求、新问题、新需求，结合当前深圳市推进生态文明建设的重点任务、关键问题、民生热点，适时调整相关考核指标权重、考核力度，进一步提升考核工作的针对性。按照严格与激励并举原则，完成目标得满分，未完成目标不得分，恶化进行扣分，超额完成按照超额比例进行加分；设置约束性指标和指导性指标，将上级考核中约束性和重要性目标任务、考核点位、断面作为考核约束性指标，并加大考核权重。实施分类差异化考核机制，合理安排指标权重，不同考核对象安排不同的指标权重；优化设置通用指标和特色指标，逐步提高特色指标权重超过 5%。例如在福田区、罗湖区、南山区等将公众参与设置为特色指标，大鹏新区、盐田区重点考核生态控制线、海洋生态环境保护；宝安区、龙岗区、龙华区、坪山区、光明区突出基础设施建设、生态环境质量进步等指标。

目前，各地生态文明建设考核普遍采用现状值与目标值的差距作为考核的唯一判据，忽略了被考核对象与自身历史水平相比的进步程度，与同类地区水平相比的先进程度。利用年度评价和年度考核指标体系、评价考核结果，对各区探索开展横向水平相比(水平指数)、历史纵向比较(进步指数)、年度目标考核完成情况(目标指数)，构建深圳市“水平—进步—目标”三位一体的生态文明建设综合评价。

7.3.4 实施保障建议

实施定期评估机制，在考核过程中加强监督，常规化组织专家组、陪审员参与到考核的全过程，对重大任务按时间节点和工作性质开展日常巡查检查，建立督查

督办工作机制，开展全流程跟踪问效，及时评估考核的促进作用。在“智慧环保”平台基础上，搭建生态文明建设评价考核大数据管理平台，实现各部门、各层级间数据的互通互联和全面协作，对重点、难点任务和落后指标完成情况进行过程监控，随时、随机考核，即时反馈，发挥考核的平台作用，保证过程实效性。加强能力建设，有关单位应当切实加强生态文明建设领域统计和监测的人员、设备、科研、信息平台等基础能力建设，加大财政支持力度，增加指标监测调查频率，提高数据的科学性、准确性和一致性；考核办利用线上线下多种途径、各个环节加强宣传、交流和培训，总结推广典型经验。

参与评价考核工作的有关部门和机构应当严格执行工作纪律，坚持原则、实事求是，确保评价考核工作客观公正、依规有序开展。各区、各部门、各企业不得篡改、伪造或者指使篡改、伪造相关统计和监测数据，对于存在上述问题并被查实的单位，考核等级确定为不合格。对徇私舞弊、瞒报谎报、篡改数据、伪造资料等造成评价考核结果失真失实的，由纪检监察机关和组织（人事）部门按照有关规定严肃追究有关单位和人员责任。

参 考 文 献

白杨，黄宇驰.2011 我国生态文明建设及其评估体系研究进展[J].生态学报，(10).

陈玉新.2010.我国绿色政绩考评制度构想[D].长沙：中南林业科技大学.

干部考核破除唯 GDP 生态文明考核权重达 20%[N].新浪深圳，2015－05－23.

黄通明，郝迎灿.贵州环境指标纳入市县考核[N].中国环境报，2014－01－16(1).

刘文章.2004.科学发展观、政绩观与政绩考核机制[J].理论探索，(5)：44－46.

吕凯波.2014.生态文明建设能够带来官员晋升吗？——来自国家重点生态功能区的证据[J].上海财经大学学报，16(2)：67－75.

马波.2014.政府环境责任考核指标体系探析[J].河北法学，32(12)：104－114.

彭国甫.2006.中国政府绩效评估研究的现状及展望[J].中国行政管理，(11).

沈满洪.2013.生态文明视角下的政绩考核制度改革[J].环境经济，(117)：30－31.

王成波，彭森，谭彬.2016.生态大鹏 美丽样本[N].南方都市报，2016－04－12.

王佳纬，屠瑾.2007.建立健全我国政府环保绩效考核机制的路径分析[J].大连干部学刊，23(1)：30－32.

王萍.2007.考核与绩效管理[M].长沙：湖南师范大学出版社.

吴良镛.2001.人居环境科学导论[M].北京：中国建筑工业出版社.

熊志强.江西推出差别化分类考核[N].中国环境报，2014－01－16(1).

严耕，林震，吴明红.2013.中国省域生态文明建设的进展与评价[J].中国行政管理，(10)：7－12.

严耕.2013.生态文明评价的现状与发展方向探析[J].中国党政干部论坛，(1).

颜京松，王如松.2004.生态市及城市生态建设内涵、目的和目标[J].现代城市研究，(3)：33－98.

杨春平，谢海燕，贾彦鹏.2014.完善领导干部政绩考核机制促进生态文明建设[J].宏观经济管理，(10)：15－17.

杨雪伟.2010.湖州市生态文明建设评价指标体系探索[J].统计科学与实践，(4)：51－53.

张欢，成金华，陈军，等.2014.中国省域生态文明建设差异分析[J].中国人口·资源与环境，24(6)：22－29.

中共中央国务院关于加快推进生态文明建设的意见[N].光明日报，2015.5.6(1).

Peter Hardi，Terrence Zdan. 1997. Assessing Sustainable Development Principles in Practice [M]. Printed in Cananda Canadian Cataloguing in Publication Data.

Thomas M. Parris，Robert W. Kates. 2003. Charactering and Measuring Sustainable Development [J]. AR Reviews In Advance.